Sayeed Hassan

Técnica de cultivo de tejidos vegetales para la conservación in vitro

Sayeed Hassan

Técnica de cultivo de tejidos vegetales para la conservación in vitro

Técnica de cultivo de tejidos vegetales para la propagación in vitro y la conservación de plantas medicinales raras

Editorial Académica Española

Imprint
Any brand names and product names mentioned in this book are subject to trademark, brand or patent protection and are trademarks or registered trademarks of their respective holders. The use of brand names, product names, common names, trade names, product descriptions etc. even without a particular marking in this work is in no way to be construed to mean that such names may be regarded as unrestricted in respect of trademark and brand protection legislation and could thus be used by anyone.

Cover image: www.ingimage.com

Publisher:
Editorial Académica Española
is a trademark of
International Book Market Service Ltd., member of OmniScriptum Publishing Group
17 Meldrum Street, Beau Bassin 71504, Mauritius
Printed at: see last page
ISBN: 978-620-0-39692-1

CONTENIDO

CAPÍTULO 3

PROPAGACIÓN *in vitro* de Plumbago *indica* L., UNA PLANTA MEDICINA RARA

CAPÍTULO 4

CAPÍTULO 5

CAPÍTULO 6

ABREVIACIONES

%	Porcentaje
μM	Micro topo
0.1N	0,1 Normal
°C	Grado Celsius
2,4-D	Ácido 2,4- diclorofenoxiacético
2iP	2-isopenteniladenina
Anuncios	Sulfato de adenina
BAP	6-Benzyl amino purine
CH	Hidrolizado de caseína
AC	Activar el carbón
cm	Centímetros
CW	Agua de coco
Dw	Agua destilada
por ejemplo.	Ejemplo
et al.	et alli (y otros)
etc.	Etcétera=y otros
Fig.	Figura
g	Gram
g/l	Gramo por litro
GA3	Ácido giberlico
HCl	Ácido clorhídrico
HgCl2	Cloruro mercúrico
IAA	Ácido indol-3-acético
IBA	Ácido indol-3-butírico
Kn	Kinetin
lbs	Libras (s)

m	Metro
mg	Miligramo (s)
mg/l.	Miligramo por litro
min	Minuto
ml/l	Mililitro por litro
mm	Milímetro (s)
MMS	Murashige modificado y Skoog medio (media fuerza MS)
MS	Murashige y Skoog medium
NAA	Ácido naftalénico acético
NaOH	Hidróxido de sodio
NE	Explicante nodal
No.	número
pH	Logaritmo negativo del ion hidrógeno
SE	Error estándar
sp./spp.	Especies
ST	Dispare a la punta.
V/v	El volumen de la obra...
Var	Variedad
Viz.	Videli=Namely

RESUMEN

Se estableció un protocolo eficiente para la propagación *in vitro* de una planta medicinal rara y en peligro de extinción, *Gloriosa superba* Linn. y *Plumbago indica* L. Se utilizaron como explantes los brotes apicales y axilares de jóvenes brotes de plantas seleccionadas. Para la inducción de brotes en el medio basal de *G. superba MS, se requería un suplemento de* 4,0 mg/l BAP + 1,0 mg/l IAA, en el que el 92% de los cultivos producían brotes con 4 brotes por cultivo, respectivamente, mientras que para *P. indica* MS se necesitaba un medio basal con 0,5 mg/l BAP, en el que el 95% de los cultivos producían brotes con 6 brotes por cultivo. El subcultivo repetido en el mismo medio nutritivo mencionado anteriormente dio lugar a una rápida multiplicación de los brotes con 8 y 13 brotes por cultivo. Para un mayor desarrollo del medio, el hidrolizado de caseína (CH) (50-200mg\l), el carbón activado (AC) (2g/l) y el agua de coco (CW) (5-20%) se añadieron individualmente al medio, lo que aumentó el número de brotes hasta 12 y 14 por cultivo. Los brotes levantados *in vitro enraizados en el medio* MS de media fuerza con auxina. Se encontró que la concentración y la combinación de auxinas eran específicas para cada especie, que eran 1,0 mg/l de IBA y IAA para *G. superba y* 0,5 mg/l de IAA para *P. indica.* Para la aclimatación y el trasplante, las plantas de los tubos de cultivo de raíces se mantuvieron a temperatura ambiente normal durante siete días antes de trasplantarlas a macetas en las que se criaron durante tres semanas. La tasa de supervivencia de las plántulas regeneradas de *G. superba fue del* 70%, mientras que la de *P. indica* fue del 82%. La enseñanza descrita aquí puede ser un método prometedor para la propagación, así como para el uso sostenible y la conservación.

CAPÍTULO 1

INTRODUCCIÓN GENERAL

INTRODUCCIÓN GENERAL

1.1. Introducción general

En los últimos años, la investigación en el cultivo de células, tejidos y órganos vegetales ha surgido como una nueva tecnología para la propagación y mejora de las plantas (Yeoman 1986). La presión cada vez mayor de una población mundial en expansión sobre la limitada productividad de los alimentos, las fibras y los cultivos industriales requerirá la técnica *in vitro del cultivo de tejidos vegetales*.

La técnica de cultivo de tejidos y células vegetales que inició Haberlandt (1902) se estableció gracias a los exitosos experimentos de White (1934) y Gautheret (1939). Se ha notificado con éxito la regeneración *in vitro* de plantas a partir de diversos órganos de diversos grupos de plantas (Murashige 1974), mediante embriogénesis somática (Rangaswany 1986), organogénesis (Hu y Wang 1986) y androgénesis (Clapham 1977; Radoje vic y Kavoor 1986) en un gran número de texas.

El cultivo de tejidos es parte integrante de la investigación en biotecnología vegetal en diferentes institutos, universidades y empresas con el fin de desarrollar plantas mejoradas para la agricultura, la horticultura y la silvicultura (Carlson 1977; Amato 1978; Scowcroft & Larkin 1982 y Skirvin 1978).

Las técnicas de cultivo de tejidos se están haciendo cada vez más populares como medio alternativo de propagación vegetativa o clonal de plantas. La ventaja más importante que ofrecen los métodos asépticos de propagación clonal (llamados popularmente "Micropropagación") sobre los métodos convencionales y en un espacio limitado se puede producir un gran número de plantas a partir de un solo individuo.

El concepto básico del cultivo de tejidos es que todos los factores esenciales que requiere un tejido pueden proporcionarse en un medio artificial en contacto con el tejido. De importancia primordial es la inclusión de los 16 elementos esenciales. Se suministran carbono, hidrógeno y oxígeno, como un azúcar generalmente glucosa o sacarosa, mientras que los macronutrientes (Ca, K, Mg, N, P y S) y los micronutrientes (B, Cl, Cu, Fe, Mn, Mo y Zn) se incluyen como sales inorgánicas. Tanto la concentración como el equilibrio de los nutrientes minerales son importantes para el crecimiento óptimo de los tejidos en el cultivo. Se han desarrollado muchas fórmulas para la composición mineral de los medios de cultivo tisular, pero la más utilizada es la de composición Murashige y Skoog (1962). La mayoría de los tejidos cultivados también requieren una o más vitaminas, como la tiamina, la piridoxina y el ácido nicotínico. Se han añadido varios otros compuestos a los medios de cultivo para atender las necesidades específicas del tejido de cultivo o los objetivos de la investigación. Las fitohormonas (auxina, citoquinina, giberelina) son las más utilizadas. Con frecuencia se utiliza el agar-agar o un agente gelificante adecuado para solidificar el medio para apoyar el tejido, aunque en los últimos años es común el cultivo de tejido en medio líquido. El cultivo *in vitro* puede afectar a tejidos y órganos intactos y, por lo tanto, requiere que se mantenga la integridad estructural del tejido, o puede entrañar el cultivo de células con proliferación no organizada. En primer lugar, el objetivo suele ser inducir el desarrollo de la estructura de manera muy similar a como lo haría en la planta. Entre los ejemplos típicos de órganos que se han cultivado figuran embriones jóvenes, raíces, óvulos y meristemas.

El campo de la biotecnología vegetal ha avanzado rápidamente durante los últimos tres decenios y medio, y ha progresado para una posibilidad futura a una realidad que se expande rápidamente. Actualmente se utiliza como un instrumento importante en los cultivos de plantación tanto básicos como aplicados, y las especies de plantas medicinales y aromáticas se están exponiendo cada vez más a las técnicas de cultivo de células y tejidos vegetales para un mejor aprovechamiento de sus propiedades medicinales.

Las plantas medicinales son una fuente importante de medicinas tradicionales y sintéticas que contienen diferentes tipos de compuestos orgánicos con propiedades terapéuticas. Aproximadamente el 80% de la población de los países en desarrollo sigue dependiendo de las medicinas tradicionales para su atención primaria de salud. Esto normalmente implica el uso de extractos de plantas (Vieira y Skorupa 1993). De acuerdo con la Organización Mundial de la Salud, más de 20.000 especies de plantas se utilizan con fines medicinales, mientras que alrededor del 80% de la población mundial depende principalmente de la medicina tradicional a base de plantas como su atención primaria de salud (Asamblea Mundial de la Salud 1997); incluso en los países desarrollados como EE.UU., las plantas son la fuente de los ingredientes de una cuarta parte de los preparados suministrados por los farmacéuticos (Phillipson 1990). No parece posible ni deseable sustituir esta medicina herbaria por la medicina moderna, al menos durante este siglo. Por consiguiente, existe un interés creciente en las plantas medicinales y la medicina tradicional: en el último decenio, los órganos rectores de la Organización Mundial de la Salud (OMS) de las Naciones Unidas han pedido que se intensifiquen los esfuerzos por desarrollar las actividades nacionales de medicina tradicional. Muchos Estados Miembros han respondido haciendo mayor hincapié en la utilización de los remedios tradicionales, incluidas las plantas medicinales, que constituyen la mayor parte de la medicina tradicional. Sin embargo, con el creciente uso de las plantas medicinales en muchos países, y con la acelerada destrucción de los recursos naturales en los trópicos, ha quedado claro que la explotación de las plantas medicinales debe ir acompañada de medidas de conservación. de lo contrario, estas plantas se agotan como recursos o incluso pueden llegar a extinguirse (Hamann 1991). Por lo tanto, es de gran importancia apuntar a la regeneración artificial de las plantas afectadas, lo que además de tener efectos beneficiosos para los ecosistemas también aseguraría un estándar de calidad mucho más alto, particularmente cuando los métodos de propagación convencionales conducen a resultados insatisfactorios. En tal situación, la técnica de cultivo de tejidos vegetales puede ser un instrumento valioso para la producción de grandes cantidades de plántulas genéticamente idénticas para su posterior cultivo sobre el terreno, así como para su conservación (Wawrosch y Kopp 1999).

En Bangladesh hay tendencias crecientes de utilización y usos industriales de las plantas medicinales y en la actualidad hay más de 300 empresas manufactureras tradicionales (Ayurveda y Unani). De ellas, nueve son bastante grandes y suministran la mayor parte de la medicina tradicional del mercado. Hay unos 500 tipos diferentes de preparados ayurvédicos y de Unani en el mercado y en ellos se utilizan unas 250 plantas medicinales de alto valor terapéutico. Además, en las aldeas de Bangladesh hay 2.50.000 curanderos que utilizan partes de plantas para preparar su medicina.

Muchas especies de plantas medicinales están desapareciendo a un ritmo alarmante, como resultado del rápido desarrollo agrícola y urbano, la deforestación y la recolección indiscriminada. Las empresas manufactureras y los curanderos tradicionales explotan los medicamentos de forma indiscriminada para obtener sus materias primas de la vegetación natural. Por lo tanto, se ha hecho imperativo que la explotación de las plantas medicinales vaya acompañada de la regeneración y el cultivo artificial. La técnica del cultivo de tejidos es muy eficaz para la rápida propagación y conservación en masa de estas importantes plantas medicinales (Fay 1992; Lakshmi y Mythili 2003; Sagare *y otros* 2000). Utilizamos la técnica del cultivo de tejidos para la propagación en masa de dos plantas medicinales raras y en peligro de extinción, *Gloriosa superba* Linn. y *Plumbago indica* L., como modelo para la utilización sostenible y la conservación.

Gloriosa superba L. (Familia-Liliáceas) es una trepadora herbácea larga con tubérculos es una especie amenazada de Asia y África (Sivakumer y Krishnamurthy 2000) (Fig-1.1). Es nativa de Bangladesh, la India, Sri Lanka, Malasia, Myanmar y la mayoría de los países tropicales de Asia. Las semillas y los tubérculos de las raíces contienen un valioso alcaloide, la colchicina, como principal constituyente. La colchicina se utiliza ampliamente en investigaciones citológicas y de mejoramiento de plantas. Desde el punto de vista médico, el tubérculo se utiliza como abortivo y en dosis más pequeñas actúa como tónico, estomacal y antihelmíntico. También se utiliza en el tratamiento de la gota debido a la presencia de colchicina. La pasta del tubérculo se aplica externamente para la enfermedad parasitaria de la piel (Ghani 2003). Las semillas y los tubérculos de las raíces propagan naturalmente la planta, pero en colecciones discriminadas y excesivas han puesto a la planta en peligro de extinción.

Plumbago indica L. (Familia Plumbaginaceae), comúnmente conocida como 'Ractochita', es una hierba medicinal poco común de Bangladesh (Bhadra *et al.* 2009) (Fig-1.2). Su raíz, corteza de raíz y jugo lechoso de la planta entera son utilizados con fines medicinales por los habitantes de las aldeas, en particular de las zonas tribales, ya que contiene dos alcaloides importantes, a saber, la naftoquinona y la plumbagina (Ghani 2003). Las raíces se utilizan para procurar el aborto y el jugo lechoso se utiliza para el tratamiento de la sarna, la leucodermia, etc. (Anónimo 1989).

En esta investigación aplicamos la técnica del cultivo de tejidos para la regeneración de alta frecuencia de estas una planta medicinal en peligro de extinción y una planta medicinal rara con vistas a su uso sostenible y conservación. Esta técnica tiene varias ventajas sobre la sexual en un programa de propagación a gran escala (Abbott 1978). Las combinaciones de genes superiores se propagan inalteradas mediante la clonación de plantas superiores, que se pierden por recombinación de genes en el método sexual.

Fig. 1.1. Una planta madura de *Gloriosa superba* Linn. de donde se tomaron los explantes.

Fig. 1.2. Una planta madura de *Plambago indica* L. de donde se tomaron los explantes.

1.2. Revisión   de la literatura

Muchos investigadores han utilizado la técnica de cultivo de tejidos para la regeneración de plantas medicinales raras y en peligro de extinción. A continuación se indican las especies vegetales con las que se probaron diferentes métodos de propagación y conservación *in vitro:*

1.2.1. *Propagación in vitro* a través de la organogénesis directa

Azadirachta indica A. Juss. (Ramesh *y otros* 1990; Joshi *y otros* 1996; Tawfiq 1997; Islam *y otros* 1997; Yousef y otros 1999; Salvi *y otros* 2001), Centella *asiatica* L. (Suchitra *y otros* 1999; Shashikala *y otros* 2005), *Gloriosa superba* Linn. (Sivakumer y Krisnamurthy 2000; Hassan y Roy 2005; Roy *y otros* 2008), *Hydrocotyle rotundifolia* (Sakia *y otros* 2001), *Plambago indica* L. (Bhadra *y otros* 2009; Haque F *y otros* 2012), Plumbaga *rosea* L. (Kumar y Bhabanandan 1988; Gopalakrishnan *y otros 2009;* Yoganath y Basu 2009),

Plumbago *zeylanica* L. (Rout *y otros* 1999; Selvakumar *y otros* 2001; Verma *y otros* 2002; Mallikadevi y otros 2008; Gbadamosi y Egunyomi 2010: Hassan et al. 2012).

1.2.2.*Propagación in vitro* mediante embriogénesis somática

Azadirachta indica A. Juss. (Shrikhande *y otros,* 1993); WenSu y otros, 1997; Murthy *y otros,* 1998), *Azadirachta excelsa* Jacobs. (Te-chato y Rungnoi 2000), *Dipterix odorata* Aubl. (Junior *y otros* 1988), *Dioscorea floribunda* y *D. deltoidea (*Sharma *y otros* 1989), *Glehnia littoralis* (Hirai *y otros* 1997), *Panax ginseng* C. (Chang y Hsing 1980; Lee *y otros* 1991), Lavanda (Onisei 1994), *Olea europaea* var. *sylvestris (*Orinos y Mitrakos 1991).

1.2.3. *Propagación in vitro* a través de la formación de callos

Allium cepa (Karim *y otros,* 1997), *Azadirachta indica* (Gautam *y otros,* 1993), *Camptotheca acuminata* (Van-Hengel *y otros,* 1992; Wiedenfeld *y otros,* 1997), *Kaempferia galangal* (Vincent *y otros,* 1997). 1991), *Paulownia tomentosa* (Rozga *y otros,* 1993), *Solanum aviculare* (Kittipongpatana *y otros,* 1998), *Solanum chrysotrichum* (Villarreal *y otros,* 1991; 1997), *Silybum marianum* Gaertn. (Liu *y otros,* 1990), *Smilax zeylanica* L. (Jha *y otros,* 1987), *Trifolium fragiferum* (Rybczynski, 1997).

1.3 Objetivos

Gloriosa superba L. y Plumbago *indica* L. en Bangladesh, se ha convertido en una especie amenazada y rara debido a la constante   explotación de su   hábitat silvestre. En   la   investigación , varios   aspectos *in vitro del cultivo de* tejidos de estas plantas fueron abordados con los siguientes programas:

❑ Identificación y selección de explantes adecuados para una respuesta rápida y mejores potenciales regenerativos.

❑ Para aumentar el número de plantas en un espacio pequeño .

❑ Selección de un medio nutritivo adecuado para la máxima formación de la raíz del brote.

❑ Propagación direct a *in vitro a* partir de explantes nodales y puntas de brotes de plantas y plántulas maduras cultivadas en el campo en forma de multiplicación .

❑ Estandarización de los medios adecuados para la iniciación y el alargamiento de las raíces.

❑ Aclimatación y transplante de plantas regeneradas *in vitro* en el campo .

CAPÍTULO 2

PROPAGACIÓN *in vitro* de *Gloriosa superba* Linn., UNA PLANTA MEDICINA EN PELIGRO

PROPAGACIÓN *in vitro* de Gloriosa superba Linn., UNA PLANTA MEDICINA EN PELIGRO

2.1. INTRODUCCIÓN

2.1.1 Descripción general

Gloriosa superba Linn. es una trepadora herbácea semimoderna y ramificada, que alcanza aproximadamente 5 metros de altura. De 1 a 4 tallos surgen de un solo tubérculo cilíndrico carnoso en forma de V. Las hojas son sésiles, en forma de lanza, alternas o opuestas o en espirales de hasta 3; tamaño de la hoja: 5 a 15 cm de largo por 4 a 5 cm de ancho con venas paralelas y puntas que terminan en zarcillos en espiral que se utilizan para trepar. Las flores grandes, vistosas y de tallo largo están formadas por 6 pétalos largos y reflejos, generalmente con márgenes ondulados. Tamaño de la flor: 6 a 10 cm de largo por 1 a 2,5 cm de ancho. Coloración de la flor: generalmente muy brillante, desde el rojo con márgenes amarillos hasta las formas de color amarillo muy pálido con una franja malva o púrpura; también se presentan formas de color blanco pálido. Muchas formas de color adicionales han surgido a través del cultivo. El fruto es oblongo, de 6 a 12 cm por 2 a 2,5 cm y contiene unas 20 semillas globosas rojas en cada válvula (Huxley 1992; Neuwinger 1994; Burkill 1995).

Toda la planta, especialmente los tubérculos, son extremadamente venenosos. Las propiedades tóxicas de la planta se deben esencialmente al alcaloide altamente activo colchicina. Otro importante alcaloide llamado gloriosina también se encuentra en el tubérculo (Gooneratne 1966). La colchicina se presenta en forma de cristales inodoros de color amarillo pálido a amarillo verdoso, o escamas amorfas o polvo. Se oscurece con la exposición a la luz. El punto de fusión es de 157°C. La solubilidad en el agua es de aproximadamente 1/20. Es libremente soluble en alcohol y cloroformo (Windholz 1983).

Además de la colchicina y la gloriosina, *Gloriosa superba* también contiene otros compuestos como la 3-desmetil colchicina, la beta-lumicolchicina, la N-formildeacetilcolchicina, la 2-desmetil colchicina, el ácido quelidónico y el ácido salicílico (Duke 1985).

2.1.2 Situación taxonómica

Nombre en bengalí :		Ulat aachandal, Bishalanguli.
Nombre en inglés :		Malabar Glory Lily.
Familia	:	Liliaceae
Género		: *Gloriosa*
Especies	:	*Gloriosa superba*
Nombre científico :		*Gloriosa superba* Linn.

2.1.3 Origen y distribución

Gloriosa superba Linn. un pequeño género de hierbas trepadoras ornamentales nativas de Asia tropical y África, comúnmente conocidas como Lirios de Gloria o Lirios Trepadores. una de las especies se encuentra en la India (Anónimo 1956) y en Bangladesh (Ghani 2003).

Es originaria del África tropical y actualmente se encuentra creciendo naturalmente en gran parte del Asia tropical, incluida la India, Sri Lanka, Malasia y Birmania (Jayaweera 1982); *Gloriosa superba* también se planta al aire libre en el sur de los Estados Unidos. En Bangladesh la planta crece naturalmente en los distritos de Sal-Forest de Dhaka Gazipur.

2.1.4 Hábito y hábitat

La planta crece en posiciones soleadas en suelos de drenaje libre; es muy tolerante con los suelos pobres en nutrientes. En los países tropicales cálidos se encuentra en matorrales, arbustos, bordes de bosques y zonas cultivadas hasta una altura de 2530 metros sobre el nivel del mar. Se cultiva ampliamente como planta ornamental en los países de clima templado frío bajo invernadero o en conservatorios (Neuwinger 1994).

Gloriosa superba Linn. florece en gran profusión durante la temporada de lluvias y se cultiva comúnmente en jardines. se propaga por divisiones de rizomas plantados antes de las lluvias en un suelo rico en luz y con buen drenaje (Anónimo 1956).

2.1.5 Usos medicinales y valor económico

Las diferentes partes de la planta tienen una amplia variedad de usos, especialmente en la medicina tradicional que se practica en el África tropical y en Asia. El tubérculo se utiliza tradicionalmente para el tratamiento de hematomas y esguinces, cólicos, úlceras crónicas, hemorroides, cáncer, importancia, emisiones seminales nocturnas, lepra y también para inducir dolores de parto y aborto. Debido a su similar acción farmacológica, la planta se utiliza a veces como adulterante del acónito (*Aconitum* sp.). Las flores se utilizan en ceremonias religiosas.

Las semillas y los tubérculos de las raíces contienen un valioso alcaloide, la colchicina, como principal componente. Las colchicinas se utilizan ampliamente en la investigación citológica y en el mejoramiento de las plantas. Desde el punto de vista médico, el tubérculo se utiliza como abortivo y en dosis más pequeñas actúa como tónico, estomacal y antihelmíntico. También se utiliza en el tratamiento de la gota debido a la presencia de colchicinas. La plaga del tubérculo se aplica externamente para enfermedades parasitarias de la piel (Ghani 2003).

El tubérculo también afirma tener propiedades antídotos contra la mordedura de serpientes y en la India se suele colocar en los alféizares de las ventanas para disuadir a las serpientes. Muchas culturas creen que la especie tiene varias propiedades mágicas (Watt & Breyer Brandwijk 1962; Neuwinger 1994; Burkill 1995).

2.1.6 Propagación

Como el *Gloriosa superba* Linn. se considera una planta herbácea, se presta poca atención a su propagación y cultivo. Se cultiva comúnmente a partir de semillas y tubérculos. Como las semillas y tubérculos se cosechan para su uso terapéutico, la planta va a estar naturalmente en peligro de extinción.

El poder de germinación de las semillas frescas es alto, pero su viabilidad se pierde rápidamente. Debido a la polinización cruzada, la propagación a través de las semillas no asegura la fidelidad de la planta y la propagación clonal a través de métodos convencionales como el corte, la estratificación del injerto no ha tenido éxito en esta planta. El método de propagación clonal *in vitro de*

Gloriosa superba Linn. ha sido probado por Dinesh-Agrawal (1999) y Sivakumer *y otros* (2000), pero mencionaron los resultados del endurecimiento.

2.1.7 Objetivos de la investigación

Gloriosa superba Linn. en Bangladesh se ha convertido en una especie en peligro debido a la constante explotación del hábitat silvestre. Los objetivos del estudio fueron establecer un protocolo adecuado para su propagación masiva, de manera que el germoplasma de esta importante planta medicinal pueda conservarse de la extinción en un futuro próximo. Por lo tanto, la presente investigación se llevó a cabo para desarrollar la técnica de cultivo de tejidos para la rápida propagación masiva de *Gloriosa superba* Linn. a partir de diferentes explantes de plantas maduras con los siguientes programas:

- ❏ Identificación y selección de explantes adecuados para una respuesta rápida y mejores potenciales regenerativos.
- ❏ Para aumentar el número de plantas en un espacio pequeño .
- ❏ Selección de un medio nutritivo adecuado para la máxima formación de la raíz del brote.
- ❏ Propagación direct a *in vitro a* partir de explantes nodales y puntas de brotes de plantas y plántulas maduras cultivadas en el campo en forma de multiplicación .
- ❏ Estandarización de los medios adecuados para la iniciación y el alargamiento de las raíces.
- ❏ Aclimatación y transplante de plantas regeneradas *in vitro* en el campo .

2.2 MATERIALES Y MÉTODOS

2.2.1 Materiales

A continuación se enumeran los equipos y los materiales vegetales utilizados a lo largo de la investigación:

2.2.1.1 Organización e instalaciones básicas, incluidos los equipos

La micropropagación se llevó a cabo en una sala limpia que disponía de espacio de trabajo, libre de la corriente de convección del polvo que transportaba los microorganismos. La sala de preparación estaba equipada con lo siguiente;

- Gabinete y auto-espacio para el almacenamiento seguro de productos químicos y almacenamiento sin polvo para el alambre de vidrio limpio.
- Zonas de transferencia de manipulación aséptica.
- Planta de destilación de agua destilada.
- Analítica y balance de carga superior.
- Autoclave de vapor y horno para la esterilización de los medios, la solución, el agua, los recipientes de cultivo y los kits de inoculación.
- La sala de cultivo donde se incubaban los cultivos, estaba bajo luz y temperatura controladas.

Varios instrumentos y aparatos: Aunque se utilizó una gran diversidad de procedimientos y equipos, a continuación se describen ciertos materiales básicos:

Autoclave: Este equipo se utilizaba para esterilizar los medios de cultivo, los recipientes, los petridiscos y diversos instrumentos necesarios para el cultivo aséptico.

Gabinete de flujo de aire laminar : La cabina de flujo de aire laminar presenta un suave flujo de aire limpio y filtrado sobre la cabina. La preparación de cultivos asépticos se realizó en esta cabina.

Lámpara de espíritus : Pequeñas lámparas de laboratorio de vidrio con una que se utilizaban para esterilizar los instrumentos o para encender la apertura de los tubos de ensayo y otros recipientes de cultivo.

Contenedores de cultivos en crecimiento : Estos incluyen tubos de ensayo de varios tamaños, petridiscos y frascos cónicos. Se utilizaron tapones de algodón no absorbentes para tapar los vasos de cultivo. Los petridishes se utilizaron para los cultivos en crecimiento, así como para sostener el material durante las operaciones de transferencia.

Desinfectantes : Se utilizaba alcohol etílico (70%) para limpiar las superficies de las zonas de trabajo; para enjuagar las manos y sumergir los instrumentos, con o sin llama posterior, se utilizaba alcohol etílico al 70% y una concentración diferente de cloruro mercúrico (HgCl2)(0,02%,0,05%,0,1% y 0,2%)(p/v) para esterilizar las superficies de los materiales vegetales.

Agua estéril: El agua estéril se usaba para lavar los explantes después de la desinfección con desinfectantes. Para ello, el agua destilada se esterilizaba en autoclave durante 20 minutos a una presión de 15 libras por pulgada cuadrada a 121°C de temperatura.

Pinzas, fórceps y bisturís : Estos fueron proporcionados por la casa de suministros científicos y estaban en varios tamaños, formas y modelos. Estos fueron esterilizados antes de su uso.

Etiquetas y lápices de marcar: Los lápices marcadores, hechos de cera, se usaban para escribir en la superficie de vidrio de los recipientes de cultivo. También se utilizaron varios tipos de etiquetas de goma de mascar.

Medidor de pH : El medidor de pH se usó para medir el pH del medio y el pH se ajustó con la ayuda de 0.1N HCl o 0.1N solución de NaOH.

2.2.1.2 Materiales vegetales

Gloriosa superba Linn. se utilizó como material experimental para la investigación *in vitro*.

Los siguientes tipos de explantes utilizados:

De las plantas maduras cultivadas en el campo

1. Dispare a los consejos.
2.   Segmentos nodales.

Colección de materiales

Los explantes de *Gloriosa superba* Linn. se recogieron en las arboledas de la carretera Dhaka- Aricha frente al Centro de Capacitación de la Administración Pública, Savar, Dhaka (Bangladesh).

2.2.2 Métodos

Los diversos métodos que intervienen en las investigaciones se describen en los siguientes epígrafes:

2.2.2.1   Medios de comunicación de nutrientes

En la investigación se utilizaron tres medios nutritivos diferentes, Murashige y Skoog (1962), B5 (Gamborg et al. 1968) y WPM (medio de plantas leñosas) (Lloyd y Mc Cown 1981) (Apéndice-i, ii & iii) con diferentes concentraciones y combinaciones de reguladores del crecimiento y suplementos orgánicos con el propósito de la proliferación de brotes y la inducción de raíces.

2.2.2.1.1   Preparación de los medios de cultivo

El primer paso en la preparación del medio de cultivo fue la preparación de la solución madre. Los diversos constituyentes del medio se prepararon en soluciones madre para su uso inmediato durante la preparación del medio. Como se necesitaban diferentes componentes en diferentes concentraciones, se prepararon soluciones madre separadas de macro y micronutrientes, compuestos orgánicos, Fe-EDTA (Hierro stock0, vitaminas, aminoácidos y diferentes reguladores de crecimiento.

2.2.2.1.2   Solución madre: macronutrientes

Esta solución madre se preparó diez veces de la fuerza final del medio en 1000 ml de agua destilada (dw). Al principio se pesó con precisión diez veces el peso de las sales necesarias para un litro de medio, se disolvió una a una y secuencialmente en 750 ml de agua destilada y luego se completó el volumen final hasta 1000 ml mediante la adición de dw. Esta solución madre se vertió luego en un recipiente de plástico limpio y se almacenó en refrigeración a 4°C.

2.2.2.1.3 Solución madre: micronutrientes

Esto se hizo hasta 100 veces la fuerza final del medio en 100 ml de dw como se describe para la solución madre de los macronutrientes. En este caso dos constituyentes FeSO4 y Na2-EDTA se disolvieron por separado en 450 ml de dw mediante calentamiento y agitación continua. Se mezclaron las dos soluciones, se ajustó el pH a 5,5 y se añadió dw para completar el volumen final hasta 1000 ml. Todas las soluciones madre se almacenaron en refrigeración a 4°C.

2.2.2.1.4 Solución madre: Vitaminas y aminoácidos

Las siguientes vitaminas y aminoácidos se utilizaron en el medio Murashige y Skoog.

Piridoxina HCl (vitamina B6)

Tiamina   HCl (vitamina B1)

Glicina

Ácido nicotínico   (vitamina B3)

Myo-inositol

Cada uno de los ingredientes recomendados (9vitaminas y aminoácidos) se convirtieron en solución madre por separado y se etiquetaron por sus nombres, se tomaron 10 veces de cada uno de los ingredientes requeridos en un cilindro medidor y se disolvieron en 50 ml de agua destilada. Luego, el volumen final se completó hasta 100 ml mediante la adición de agua destilada. A continuación se vertieron por separado en un recipiente de plástico, etiquetados y almacenados en el refrigerador a 4°C durante varias semanas.

El mio-inositol se añadió directamente al medio durante la preparación del mismo en las concentraciones deseadas, es decir, 100 mg/l. Se añadió directamente al medio, durante la preparación del medio, la sacarosa de azúcar de mercado que se requería (30 gm/l).

Otros aditivos, como el hidrolizado de caseína, cuando se utilizaban, se añadían directamente al medio.

2.2.2.1.5   Solución de reserva de los reguladores del crecimiento

Además del nutriente, por lo general es necesario añadir uno o más reguladores del crecimiento, como auxinas, citoquininas, al medio para favorecer el buen crecimiento de los tejidos y los órganos (Bhojwani y Razdan 1983). Se preparó una solución madre separada para cada regulador de crecimiento por disolución. Se trata de una cantidad muy diminuta al disolvente apropiado y se completa el volumen final con agua destilada.

Los siguientes suplementos hormonales se utilizaron en la investigación:

(1) Auxin

- Ácido indol-3-acético (IAA)

- Ácido indol-3-butírico (IBA)
- Ácido 2,4-diclorofenoxiacético (2,4-D)
- α-ácido naftalénico acético (NAA)

(2) Citocininas

- 6-bencil aminopurina (BAP)
- 6-furfuril aminopurina o Kinetin (Kn)

Los reguladores de crecimiento y los aditivos se disolvieron en el disolvente apropiado como se muestra en cada uno de ellos (siguiendo el Catálogo de Cultivos Celulares de Plantas Sigma de 1992).

Hormonas (solutos)	Disolventes
IAA	70% de alcohol etílico
IBA	70% de alcohol etílico
2,4-D	70% de alcohol etílico
NAA	0.1N NaOH
BAP/BA	0.1N NaOH
Kn	0,1N HCl

Para preparar la solución madre de cualquiera de las hormonas, se colocaron 10 mg de hormonas sólidas en un vidrio de reloj limpio y luego se disolvieron en 1 ml de disolventes particulares. La mezcla se lavó con agua destilada y se recogió en una probeta de 100 ml y se completó hasta 100 ml mediante la adición de agua destilada. La solución se vertió entonces en un recipiente de vidrio, etiquetado y almacenado a 0°C durante un máximo de 4 semanas.

2.2.2.1.6   Preparación del agua de coco

El coco inmaduro con una capa de grano ligera y flexible se compró en el mercado local. El endospermo líquido del coco comprado se recogía en un frasco cortando la cáscara con un cuchillo afilado. El endospermo líquido recogido se filtraba a través de un papel de filtro y el filtrado se almacenaba a 0°C durante varias semanas.

2.2.2.1.7   Preparación del hidrolizado de caseína

Para preparar la solución madre de hidrolizado de caseína (CH) se tomaron 5 gm de CH en un matraz cónico y luego se disolvieron en 50 ml de agua destilada. La solución se filtró entonces a través de un papel de filtro. El volumen final de la solución se elevó a 100 ml añadiendo agua destilada, etiquetada con 5 gm x 100 ml y almacenada en el congelador.

2.2.2.1.8   Preparación del polivinilo piruvato (PVP)

Para preparar la solución madre de PVP, se tomaron 10 gm de PVP en un matraz cónico y se disolvieron en 100 ml de agua destilada, la solución se filtró luego a través de un papel de filtro. El volumen final de la solución se elevó entonces a 200 ml añadiendo agua destilada. El matraz se etiquetó entonces con 10 gm x 200 ml y se almacenó en el congelador.

2.2.2.2 Pasos en la preparación de los medios de comunicación

Para preparar un litro de cualquiera de los medios mencionados, se siguieron los siguientes pasos:

- Se disolvieron 30 gramos de sacarosa en 500 ml de agua destilada.

- Se añadieron 100 ml de solución de macronutrientes, 10 ml de solución madre de micronutrientes, 10 ml de solución madre de Fe-EDTA y 10 ml de cada una de las soluciones madre de vitaminas a 500 ml de solución de sacarosa y se mezclaron bien.

- Cien miligramos (100 mg) de Myo-inositol se añadieron directamente a esta solución y se disolvió completamente.

- Se añadieron a esta solución diferentes concentraciones requeridas de suplementos hormonales, ya sea individualmente o en combinación, y se mezclaron a fondo. Dado que cada 100 ml de solución madre hormonal contenía 10 mg de sales hormonales, la adición de 10 ml de cualquier solución madre hormonal para hacer 1 litro de medio resulta en una concentración de 1 mg/l. De manera similar, 1, 2, 3 ml pueden contribuir a una concentración de 0,1, 0,2, 0,3 mg/l.

- A continuación, la mezcla completa se introdujo en un cilindro medidor de un litro y se completó hasta un volumen de un litro con la adición posterior de agua destilada y se vertió en negro en un matraz cónico de un litro y se mezcló bien. en el caso de la preparación de la mitad de los medios de MS, los ingredientes se añadieron según sus cantidades deseadas cuando fue necesario.

- El pH del medio se ajustó a 5,7 con un pH-metro análogo con la mitad de 0,1N HCl y 0,1N NaOH, lo que fuera necesario.

- Para solidificar el medio se añadieron 7 gm de agar (Sigma Co., USA0 o 2 gm de gel de rito a esta solución y toda la mezcla se calentó suavemente en un microondas hasta la completa disolución del gel de rito o agar.

- Un volumen fijo de medio caliente fue dispensado en vasos de cultivo, es decir, tubos de ensayo o frascos cónicos. Los vasos de cultivo se tapaban con algodón no absorbente y se marcaban con códigos diferentes con la ayuda de un marcador de vidrio para indicar suplementos hormonales específicos.

- Los vasos de cultivo que contenían el medio fueron esterilizados en autoclave a 15 libras/pulgada cuadrada de presión y a una temperatura de 121°C durante minutos para asegurar la esterilización. El medio de la probeta se dejó enfriar verticalmente o inclinado después de la esterilización.

2.2.2.3 pH del medio

El pH del medio se ajusta normalmente a 5.0 - 6.0 antes de la autoclave. En el presente hallazgo el pH del medio se ajustó a 5.8 con 0.1N de NaOH o 0.1N de HCl, lo que fuera necesario.

2.2.2.4 Agar

Los medios de cultivo de nutrientes se gelificaron con agar. En el experimento se añadieron 7 gm (0,7%) de agar (Sigma Chem. Co.) para 1 litro de medio y toda la mezcla se calentó en un baño de agua con agitación continua hasta la completa disolución del agar.

2.2.2.5 Distribución del medio preparado en los recipientes de cultivo

La solución caliente se mezcló para asegurar la uniformidad e inmediatamente se distribuyó en el recipiente de cultivo (tubo de ensayo o frascos, etc.). Los vasos de cultivo se taparon con un tapón de algodón no absorbente y se marcaron con la ayuda de un marcador de vidrio para indicar el suplemento hormonal específico.

2.2.2.6 Esterilización

Los vasos de cultivo que contienen el medio nutritivo fueron esterilizados en autoclave a libras por pulgada cuadrada de presión durante 20 minutos a 121°C. En el caso de los frascos, se permitió que el medio se enfriara en posición vertical, pero los tubos de ensayo que tenían el medio se dejaron enfriar en posición inclinada o vertical según la necesidad.

2.2.2.7 Método de cultivo

En las investigaciones para la regeneración directa de los brotes y la regeneración de las plantas completas se emplearon los siguientes pasos.

2.2.2.7.1 Colección de materiales vegetales

Para la organogénesis y la multiplicación de brotes se recogieron explantes de plantas maduras seleccionadas de *Gloriosa superba* Linn. cultivadas en arboledas al borde de la carretera Dhaka- Aricha frente al Centro de Capacitación de la Administración Pública, Savar, Dhaka, Bangladesh. Los explantes se lavaron luego con detergente durante unos minutos. Después se lavaron 3-4 veces con agua destilada. Finalmente los materiales vegetales fueron lavados con 1% de savlon durante 10 minutos con agitación constante. Los explantes fueron nuevamente lavados 3-4 veces con agua destilada.

2.2.2.7.2 Esterilización de la superficie de los materiales vegetales

Para la esterilización de la superficie, los materiales vegetales previamente preparados se tomaban en un armario de flujo de aire laminar en funcionamiento y se transferían a un matraz cónico estéril. Después de enjuagar en etanol al 70% durante 30 seg. (explantes) y 2 min. se lavaron con agua destilada estéril durante 3-4 veces. Luego se sumergieron en 0,2% de $HgCl_2$ por diferentes tiempos para asegurar un cultivo libre de contaminación. Después de eso los materiales fueron lavados de nuevo con agua destilada autoclave durante 3-4 veces.

2.2.2.7.3 Preparación de los explantes e inoculación

a) Puntas de tiro:

Tras la esterilización de la superficie, los explantes se colocaron sobre el Petridis estéril utilizando unas pinzas estériles y una pequeña porción (2 mm) del extremo cortado de los explantes, que había estado en contacto con el $HgCl_2$, se retiró cortando con un bisturí estéril.

Se cortaron puntas de brotes de aprox. 2 a 3 cm. de longitud de los brotes estériles de la superficie y luego se inocularon en tubos de cultivo que contenían un medio nutritivo.

b) Explantes nodales:

Los explosivos con uno o dos nodos fueron cortados de los brotes estériles de la superficie e inoculados en tubos de cultivo.

2.2.2.7.4 Incubación

Los tubos de cultivo y los frascos cónicos que contenían los explantes se incubaron en una cámara de crecimiento de temperatura controlada. Los cultivos se mantuvieron a 24±2°C bajo una intensidad de luz fluorescente que varió entre 2000-3000 lux durante un fotoperíodo de 16 h por día. Los tubos de cultivo y los frascos que contenían el inoculado fueron revisados diariamente para anotar la respuesta.

2.2.2.7.5 Subcultura para la inducción de múltiples disparos

Los brotes regenerados fueron cortados de los explantes y los viejos explantes fueron cultivados de nuevo en el mismo medio para su multiplicación. Los brotes regenerados se colocaron en un plato Petri esterilizado. El extremo basal del brote se descartó y cada uno de los brotes se inoculó a la diferente combinación de suplementos hormonales para la multiplicación y para observar su posterior respuesta en ambos casos.

2.2.2.7.6 Inducción de raíces en los brotes regenerados

Los brotes regenerados se rescataron con mucho cuidado de los vasos de cultivo y se colocaron en un plato de Petri esterilizado y se cortaron del extremo basal de los brotes. Luego cada uno de los brotes se cultivó en un medio carnoso preparado que contenía la mitad de la sal MS con diferentes combinaciones de suplementos hormonales para la iniciación de las raíces adventicias.

Se adoptaron precauciones para asegurar la condición aséptica durante el subcultivo para la inducción de múltiples brotes y raíces. Durante el programa de subcultivo, todas las manipulaciones se llevaron a cabo cuidadosamente en una cabina de flujo de aire laminar y todos los instrumentos utilizados fueron preesterilizados.

2.2.2.7.7 Trasplante de plántulas regeneradas

Después de un crecimiento suficiente del sistema de brotes y raíces, las plántulas se consideraron listas para ser transferidas al suelo. Cuando las plántulas alcanzaban 5-7 cm de longitud con 3-5 hojas y raíces bien desarrolladas, se sacaban de los vasos de cultivo. El agar unido al sistema de raíces se lavaba suavemente bajo el agua corriente del grifo. Luego las plántulas fueron transplantadas a pequeñas macetas que contenían tierra de jardín y abono en la proporción de 2 : 1. Después del trasplante las plantillas se cubrieron con una lámina de polietileno para evitar la desecación. Para mantener la alta humedad alrededor de la planta, se rociaron con agua cada 24 horas. La lámina de polietileno se retiró gradualmente después de 8-10 días. Esta práctica facilita la aclimatación gradual de los trasplantes en un ambiente de estrés *ex vitro*. Para este momento las nuevas hojas emergieron y las plántulas se establecieron en el suelo y comenzaron a mostrar un muy buen desempeño.

2.2.2.7.8 Recopilación de datos

Se reunieron datos sobre los siguientes parámetros y a continuación se indican los métodos seguidos para la reunión de datos:

Número de brotes/brotes adventicios inducidos por cada explante

Las puntas de los brotes extirpados, en el segmento nodal, se subcultivaron por separado en al menos 10 tubos para cada combinación de medios de cultivo. El número de brotes adventicios por explantes se contó 30 días después de la inoculación. El número medio de brotes adventicios por explantes se calculó utilizando la siguiente fórmula.

$$X = \sum Xi / N$$

Dónde,

X = Número medio de brotes adventicios,

$\sum Xi$ = Número total de brotes adventicios,

N = Número de observaciones.

La longitud media de la toma más larga

Además del brote pero la proliferación, la longitud del brote se registró por separado a través de la escala de metros de cada brote y la longitud media se calculó a partir de al menos 10 plántulas. Los datos se registraron 30 días después de la inoculación.

La longitud media de los brotes cosechados se calculó utilizando la fórmula.

$$X = \sum Xi / N$$

Dónde,

X = Longitud media de los brotes,

$\sum Xi$ = Longitud total de los brotes,

N = Número de brotes.

Número medio de raíces por brote y longitud de la raíz más larga

Los brotes regenerados extirpados se cultivaron en un medio de MS de media potencia complementado con una concentración diferente de auxina para la inducción de la raíz. Se calculó el número medio de raíces por brote como se ha mencionado anteriormente. Se midió la longitud de la raíz más larga (en cm0 de cada cultivo. La longitud media de la raíz más larga se midió utilizando la fórmula como en el cálculo anterior.

2.3 RESULTADOS

En la investigación sobre la proliferación de brotes de *Gloriosa superba* Linn. se cultivaron puntas de brotes y explantes nodales de plantas maduras en diferentes medios definidos como MS (Murashige y Skoog 1962), B5(Gamborg y *otros* 1968) y WPM (Lloyd y McCown 1981) complementados con diferentes concentraciones y combinaciones de auxinas y citoquininas, sacarosa y agua de coco. Para facilitar el trabajo y la evaluación precisa de los resultados, los experimentos se realizaron bajo los siguientes epígrafes :

- Estandarización de los explantes de esterilización de superficies.
- Selección de un medio específico definido.
- Regeneración directa de brotes de diferentes explantes de plantas maduras con diferentes concentraciones y combinaciones de auxinas y citoquininas para la multiplicación de los brotes.
- Efectos de diferentes concentraciones de sacarosa y otros aditivos (CW y CH) en la proliferación de brotes y el crecimiento individual de los mismos.
- Diferenciación de las raíces en los brotes regenerados.
- Endurecimiento y establecimiento de las plantas regeneradas a las condiciones del campo.

2.3.1 Normalización de la esterilización de la superficie de los explantes

La esterilización de la superficie del explante se realizó con una solución acuosa de cloruro de mercurio (HgCl2). Teniendo en cuenta el problema de la contaminación, se utilizaron diferentes concentraciones de soluciones de HgCl2 y los explantes se trataron en diferentes períodos de tiempo (Tabla-2.1). Se intentó la esterilización de la superficie con 0,02%, 0,05%, 0,1% y 0,2% tratados en diferentes duraciones como 2, 3, 4, 5, 6, 7, 8, 9, 10 y 15 minutos para asegurar un explante libre de contaminación. Inicialmente cuando los explantes fueron tratados con 0,02% y 0,05% de solución de HgCl2 durante 2-4 minutos todos los cultivos se contaminaron dentro de los 4-6 días de la inoculación. Los explantes tratados en la misma concentración de HgCl2 durante 15 minutos produjeron cultivos libres de contaminación en un 40% y un 68%, mientras que los cultivos libres de contaminación en un 72% se obtuvieron cuando los explantes se trataron con una solución de 0,1% de HgCl2 durante 10 minutos. Se obtuvieron resultados muy satisfactorios cuando los explantes se trataron con una solución de HgCl2 al 0,2% durante 6 minutos, lo que arrojó un 74% de cultivos libres de contaminación y los explantes se mostraron sanos.

2.3.2 Selección de un medio específico definido

Para la selección preliminar del medio nutritivo definido, se utilizaron tres medios basales diferentes como MS (Murashige y Skoog 1962), B5(Gamborg *et al. 1968)* y WPM (Lloyd y McCown 1981) en combinación con diferentes concentraciones de BAP (Tabla-2.2) (Gráfico-2.1). Los resultados mostraron que el medio nutritivo MS era superior en todos los aspectos a los demás medios utilizados. Dado que a partir del experimento preliminar se determinó que el medio MS era superior, los siguientes experimentos se llevaron a cabo con el medio basal MS.

2.3.3 Regeneración directa del brote de diferentes explantes de planta madura mediante organogénesis

Para la regeneración directa de los brotes de dos explantes, las puntas de los brotes y los segmentos nodales recolectados de plantas maduras se cultivaron individualmente. Los resultados obtenidos se dan a continuación.

2.3.3.1 Regeneración directa de los brotes desde la punta de los brotes de las plantas adultas a través de organogénesis

Los brotes jóvenes se recogieron de las plantas maduras. Las puntas de los brotes fueron cortadas y cultivadas en el medio MS complementado con BAP o y Kn y en combinaciones con auxinas como BAP-NAA y Kn-NAA. Los datos se recogieron después de cuatro semanas de cultivo. Se regeneró un buen número de brotes directamente del explante inoculado de *Gloriosa superba* Linn. con o sin formación de callo en el extremo cortado del explante. Se utilizaron diferentes concentraciones y combinaciones de auxinas y citoquininas en el medio MS para la multiplicación de los brotes. Los resultados sobre la eficiencia de la proliferación de los brotes de los explantes se describen a continuación de acuerdo con los efectos de la composición del medio.

BAP Singly (Tabla-2.3) : Se utilizaron diez concentraciones diferentes de BAP en el medio MS para la proliferación de brotes. Entre las diez concentraciones utilizadas, se determinó que 2,0 mg/l de BAP era la mejor para la inducción de brotes, en la que se encontró que el 61,58% regeneraba los brotes y el número de brotes regenerados por cultivo era de 1,0(0,0). La longitud media más alta de los brotes fue de 3,26 (0,6) cm. en el mismo medio. El segundo porcentaje máximo de brotes regenerados por cultivo fue del 56,12%, que se observó en MS con 1,5 mg/l BAP. El porcentaje más bajo (16,19%) de regeneración se encontró en cultivo con 0,1 mg/l BAP. El número medio más bajo de brotes fue de 1,00 (0,0) que se encontró en el mismo medio, pero la longitud más baja de brote se observó 1,68 (0,4) cm. 0,1 mg/l BAP.

Kn Singly (Tabla-2.4) : En diferentes cocentraciones de Kn utilizadas en el medio de cultivo, los explantes mostraron una proliferación de brotes pero una respuesta comparativamente pobre que la observada en el medio que contiene BAP. El mayor porcentaje medio de regeneración de los brotes fue del 58,55% y el número medio y la mayor longitud media de los brotes fueron de 1,00 (0,0) y 2,88 (0,6) cm, respectivamente, en el medio que contenía 0,5 mg/l de Kn.

BAP + NAA (Tabla-2.5) : La combinación de BAP y NAA en el medio MS fue adecuada para la formación de brotes a partir de explantes cultivados. El medio con 2,0 mg/l de BAP + 0,5 mg/l de NAA resultó ser el mejor medio para la regeneración de los brotes. El número máximo (62,35%) de cultivos produjo brotes en esta composición particular del medio. El mayor número medio de brotes por cultivo fue de 2,92 (0,4) después de 4 semanas de cultivo. La longitud media de los brotes fue de 3,33 (0,2) cm en el mismo medio. El porcentaje más bajo (18,35%) de brotes regenerados se registró en el medio complementado con 0,5 mg/l BAP + 1,0 mg/l NAA. El número medio más bajo y la longitud media de los brotes fueron de 1,01 (0,4) y 2,21 (0,5) cm, respectivamente, en el mismo medio.

BAP + IAA (Tabla-2.6) : Entre las diferentes concentraciones y combinaciones de BAP y IAA en el medio MS se encontró que 4,0 mg/l BAP + 1,0 mg/l IAA era la mejor, en la que el porcentaje más alto era el 73,36% de la regeneración de los brotes. El número medio más alto de regeneración de brotes fue de 6,53 (0,4) y la longitud media más alta de los brotes fue de 3,31 (0,6) cm en el mismo medio. El porcentaje más bajo, el 18,44% de los brotes regenerados en cultivo, se encontró en 0,5 mg/l BAP + 0,1 mg/l IAA.

El número medio más bajo fue de 2,08 (0,4) y la longitud media más baja del brote fue de 2,62 (0,3), encontrados en el mismo medio (Fig- 2.1 A&B).

Tabla-2.1 : Esterilización del explante de *Gloriosa superba* Linn cultivado en el campo por el agente esterilizante HgCl2 con diferente duración de tiempo. Se tomaron 50 explantes en cada tratamiento. Los datos se registraron dos semanas después del cultivo.

Duration of treatment in minutes	Concentrations of $HgCl_2$ solution							
	0.02%		0.05%		0.1%		0.2%	
	No. of contami nation free explant	% of contami nation free explant	No. of contami nation free explant	% of contami nation free explant	No. of contami nation free explant	% of contami nation free explant	No. of contami nation free explant	% of contami nation free explant
02	0	0	0	0	12	24	15	30
03	0	0	0	0	15	30	19	38
04	0	0	0	0	17	34	22	40
05	0	0	2	4	18	36	30	60
06	2	4	3	6	20	40	37	74
07	3	6	5	10	25	50	38	76*
08	5	10	6	12	30	60	39	78*
09	8	16	10	20	32	64	41	82**
10	16	32	21	42	36	72*	43	86***
15	20	40	34	68*	45	90**	-	

*Muerte de tejidos 1-10%,   **Muerte de tejidos 11-25%,   ***Muerte de tejidos 26-50%,

Tabla-2.2 : Efecto de diferentes medios de cultivo en la multiplicación de la punta del brote y el explante nodal de *Gloriosa superba* Linn. Cada medio se complementó con 4,0 mg/l BAP y 1,0 mg/l IAA.*

Medio	Explantes					
	Dispare a la punta.			Explante nodal		
	% de cultivo de brotes regenerados	Significa no. de disparos por cultivo	Longitud media del rodaje (cm)	% de cultivo de brotes regenerados	Significa no. de disparos por cultivo	Longitud media del rodaje (cm)
MS	**73.36**	**6.53(0.4)**	**3.31(0.6)**	**82.33**	**8.00(0.5)**	**3.06(0.4)**
B5	38.36	2.13(0.6)	2.83(0.4)	42.38	2.41(0.2)	2.14(0.6)
WPM	32.52	2.63(0.2)	2.98(0.3)	37.32	2.32(0.4)	2.68(0.4)

* Se tomaron 20 explantes para cada medio y el experimento se repitió tres veces. Los datos se tomaron 4 semanas después del cultivo.

Tabla-2.3 : Efecto de diferentes concentraciones de BAP en el medio MS en la proliferación de brotes directos de *Gloriosa superba* Linn. Se tomaron 20 explantes para cada tratamiento y el experimento se repitió tres veces. Los datos se registraron cuatro semanas después del cultivo.

BAP (mg/l)	Explants					
	Shoot tip			Nodal segment		
	% of culture regenerated shoot	Average No. of shoot per culture*	Average length of shoot (cm)*	% of culture regenerated shoot	Average No. of shoot per culture*	Average length of shoot (cm)*
0.1	16.19	1.00(0.0)a	1.68(0.4)d	24.39	1.00(0.0)a	1.18(0.6)d
0.2	23.26	1.00(0.0)a	2.33(0.2)bc	31.88	1.00(0.0)a	1.64(0.4)c
0.5	32.33	1.00(0.0)a	2.62(0.8)bc	44.14	1.00(0.0)a	1.81(0.3)bc
1.0	48.45	1.00(0.0)a	2.88(0.4)ab	53.63	1.00(0.0)a	2.03(0.2)bc
1.5	56.12	1.00(0.0)a	3.03(0.3)ab	60.81	1.00(0.0)a	2.23(0.5)ab
2.0	**61.58**	**1.00(0.0)a**	**3.26(0.6)a**	**68.22**	**1.00(0.0)a**	**2.62(0.4)a**
2.5	50.39	1.00(0.0)a	3.06(0.3)ab	61.38	1.00(0.0)a	2.19(0.3)b
3.0	43.66	1.00(0.0)a	2.73(0.2)b	52.23	1.00(0.0)a	2.02(0.2)bc
3.5	37.29	1.00(0.0)a	2.22(0.6)c	41.44	1.00(0.0)a	1.79(0.4)bc
4.0	18.12	1.00(0.0)a	1.53(0.4)d	27.33	1.00(0.0)a	1.22(0.8)d

*Error estándar en el paréntesis.
Los valores medios seguidos de la misma letra dentro de una columna no son significativamente diferentes usando la Prueba Múltiple de Dancan (P<0.05).

Tabla-2.4 : Efecto de diferentes concentraciones de Kn en el medio MS en la proliferación de tiro directo de *Gloriosa superba* Linn. Se tomaron 20 explantes para cada tratamiento y el experimento se repitió tres veces. Los datos se registraron cuatro semanas después del cultivo.

Kn (mg/l)	Explants					
	Shoot tip			Nodal segment		
	% of culture regenerated shoot	Average No. of shoot per culture*	Average length of shoot (cm)*	% of culture regenerated shoot	Average No. of shoot per culture*	Average length of shoot (cm)*
0.1	32.68	1.00(0.0)a	1.98(0.4)c	33.33	1.00(0.0)a	1.73(0.7)b
0.2	46.13	1.00(0.0)a	2.36(0.3)bc	56.58	1.00(0.0)a	2.03(0.6)ab
0.5	**58.55**	**1.00(0.0)a**	**2.88(0.6)a**	**62.63**	**1.00(0.0)a**	**2.22(0.3)a**
1.0	42.29	1.00(0.0)a	2.39(0.4)b	51.16	1.00(0.0)a	2.06(0.4)ab
1.5	37.63	1.00(0.0)a	1.86(0.3)cd	45.55	1.00(0.0)a	1.76(0.5)ab
2.0	31.38	1.00(0.0)a	1.74(0.6)cd	40.73	1.00(0.0)a	1.68(0.4)bc
2.5	28.22	1.00(0.0)a	1.62(0.2)cd	35.31	1.00(0.0)a	1.59(0.3)bc
3.0	21.64	1.00(0.0)a	1.53(0.3)d	30.16	1.00(0.0)a	1.48(0.6)bc
3.5	19.13	1.00(0.0)a	1.44(0.3)d	28.53	1.00(0.0)a	1.37(0.5)bc
4.0	14.39	1.00(0.0)a	1.38(0.5)d	23.88	1.00(0.0)a	1.26(0.8)c

*Error estándar en el paréntesis.

Los valores medios seguidos de la misma letra dentro de una columna no son significativamente diferentes usando la Prueba Múltiple de Dancan (P<0.05).

Tabla-2.5: Efecto de diferentes concentraciones y combinaciones de BAP y NAA en el medio MS sobre la proliferación de brotes directos de *Gloriosa superba* Linn. Se tomaron 20 explantes para cada tratamiento y el experimento se repitió tres veces. Los datos se registraron cuatro semanas después del cultivo.

BAP+NAA (mg/l)		Explants					
		Shoot tip			Nodal segment		
		% of culture regenerated shoot	Average No. of shoot per culture*	Average length of shoot (cm)*	% of culture regenerated shoot	Average No. of shoot per culture*	Average length of shoot (cm)*
0.5	0.1	18.35	1.01(0.4)e	2.21(0.5)c	19.88	1.06(0.8)e	1.68(0.6)c
	0.2	22.12	1.16(0.5)de	2.30(0.4)c	24.68	1.23(0.7)e	1.86(0.3)bc
	0.1	28.33	1.22(0.2)de	2.49(0.3)bc	28.79	1.42(0.2)de	1.97(0.5)bc
1.0	0.2	30.16	1.26(0.5)de	2.58(0.4)bc	33.69	1.63(0.6)de	2.06(0.6)bc
	0.5	32.27	1.31(0.2)de	2.67(0.6)bc	39.78	1.84(0.4)d	2.15(0.4)bc
	0.1	37.77	1.37(0.3)de	2.76(0.3)b	42.63	2.13(0.2)cd	2.24(0.5)b
1.5	0.5	45.13	1.55(0.6)cd	2.94(0.5)ab	49.31	2.51(0.3)bc	2.42(0.7)ab
	1.0	48.31	1.94(0.4)c	3.03(0.2)ab	50.66	2.80(0.2)b	2.51(0.3)ab
	0.1	51.03	2.73(0.8)ab	3.12(0.3)ab	52.81	3.51(0.8)a	2.60(0.5)ab
2.0	**0.5**	**62.35**	**2.92(0.4)a**	**3.33(0.2)a**	**68.92**	**3.73(0.4)a**	**2.82(0.6)a**
	1.0	54.63	2.83(0.4)ab	3.12(0.7)ab	58.81	3.64(0.3)a	2.73(0.2)a
	0.1	50.06	2.56(0.3)ab	3.03(0.3)ab	51.72	2.82(0.2)b	2.70(0.5)ab
2.5	0.5	43.33	2.23(0.6)bc	2.85(0.5)b	44.54	2.32(0.2)c	2.52(0.7)ab
	1.0	39.38	2.08(0.4)bc	2.76(0.2)b	40.45	2.03(0.4)cd	2.43(0.3)ab

*Error estándar en el paréntesis.

Los valores medios seguidos de la misma letra dentro de una columna no son significativamente diferentes usando la Prueba Múltiple de Dancan (P<0.05).

Tabla-2.6 : Efecto de diferentes concentraciones y combinaciones de BAP y IAA en el medio MS sobre la proliferación de brotes directos de *Gloriosa superba* Linn. Se tomaron 20 explantes para cada tratamiento y el experimento se repitió tres veces. Los datos se registraron cuatro semanas después del cultivo.

BAP+IAA (mg/l)		Explants					
		Shoot tip			Nodal segment		
		% of culture regenerated shoot	Average No. of shoot per culture*	Average length of shoot (cm)*	% of culture regenerated shoot	Average No. of shoot per culture*	Average length of shoot (cm)*
1.0	0.1	25.88	2.86(0.2)fg	1.80(0.3)d	39.04	2.91(0.2)ij	1.67(0.8)cd
	0.2	27.09	3.22(0.5)f	1.99(0.4)cd	43.12	3.03(0.6)i	1.76(0.6)cd
	0.1	31.10	3.42(0.3)ef	2.17(0.3)cd	50.19	4.48(0.2)gh	1.94(0.5)c
2.0	0.2	37.32	3.66(0.5)ef	2.26(0.4)c	53.66	4.61(0.1)gh	2.03(0.6)bc
	0.5	38.80	3.81(0.6)e	2.35(0.5)c	60.12	4.92(0.3)fg	2.12(0.7)bc
	0.1	42.66	4.16(0.8)de	2.53(0.3)bc	63.60	5.32(0.7)f	2.30(0.5)bc
3.0	0.5	53.12	4.64(0.7)cd	2.70(0.7)bc	65.12	6.16(0.6)e	2.52(0.4)b
	1.0	58.36	4.83(0.4)cd	2.81(0.3)b	67.68	6.67(0.8)d	2.63(0.3)ab
	0.1	62.03	5.09(0.6)c	2.98(0.3)ab	70.29	7.16(0.2)bc	2.74(0.5)ab
4.0	0.5	70.46	6.18(0.6)ab	3.18(0.5)ab	78.08	7.42(0.3)b	2.95(0.7)ab
	1.0	**73.36**	**6.53(0.4)a**	**3.31(0.6)a**	**82.33**	**8.00(0.5)a**	**3.06(0.4)a**
	0.1	68.63	5.77(0.4)b	3.22(0.3)ab	73.67	7.41(0.2)b	2.88(0.5)ab
5.0	0.5	59.68	4.58(0.6)d	3.04(0.5)ab	62.34	5.12(0.3)f	2.42(0.2)bc
	1.0	51.13	3.26(0.4)f	2.95(0.5)ab	56.55	4.66(0.8)g	2.03(0.7)bc

*Error estándar en el paréntesis.

Los valores medios seguidos de la misma letra dentro de una columna no son significativamente diferentes usando la Prueba Múltiple de Dancan (P<0.05).

Tabla-2.7 : Efecto de diferentes concentraciones y combinaciones de auxinas en la formación de raíces adventicias en microbrotes de *Gloriosa superba* Linn. cosechados en el séptimo paso del cultivo de proliferación de brotes. Se tomaron 20 microbrotes por cada tratamiento y el experimento se repitió tres veces. Los datos se registraron hasta 60 días después del cultivo.

Auxin (mg/l)	Disparos enraizados (%)	Días necesarios para la inducción de las raíces	La naturaleza de las raíces
NAA 0.5	–	–	–
NAA 1.0	–	–	–
NAA 1.5	–	–	–
NAA 2.0	–	–	–
IAA 0,5	–	–	–
IAA 1.0	–	–	–
IAA 1.5	–	–	–
IAA 2.0	–	–	–
IBA 0.5	49.55	15.8	Tuberosa
IBA 1.0	54.75	15.2	Tuberosa
IBA 1.5	57.37	15.0	Tuberosa
IBA 2.0	64.31	15.5	Tuberosa
IBA 3.0	78.44	15.0	Tuberosa
NAA 1.0 + IBA 1.0	68.84	10.5	Grueso y suculento
NAA 2.0 + IBA 2.0	82.33	10.0	Grueso y suculento
IAA 1.0 + IBA 1.0	**49.35**	**20.5**	**Tipo normal**
IAA 2.0 + IBA 2.0	46.55	20.8	Tipo normal

Los valores medios seguidos de la misma letra dentro de una columna no son significativamente diferentes usando la Prueba de Rango Múltiple de Dancan (P<0.05).

2.3.3.2 Regeneración directa de brotes del segmento nodal del adulto *Gloriosa superba* Linn. a través de la organogénesis

BAP Singly (Tabla-2.3) : Se utilizaron diez concentraciones diferentes de BAP para la proliferación de disparos. El 68,22% como máximo de los cultivos regeneraron los brotes en un medio MS que contenía 2,0 mg/l de BAP. El número medio más alto de brotes fue de 1,0 (0,0) y la longitud media más alta de los brotes fue de 2,62 (0,4) cm en el mismo medio. El menor rendimiento de la proliferación de los brotes se observó en el medio de 0,1 mg/l BAP y el porcentaje fue de 24,39.

Kn por separado (Tabla-2.4): Las diez concentraciones diferentes de Kn utilizadas en el medio MS, fueron capaces de regenerar los brotes pero la frecuencia de regeneración fue menor en comparación con el BAP. El 62,63% como máximo de los explantes regeneraron los brotes en el medio con 0,5 mg/l de Kn. El número medio más alto de brotes fue de 1,00 (0,0) y la longitud media del brote fue de 2,22 (0,3) cm en el mismo medio. La respuesta más baja se encontró en la alta concentración de Kn (4,0 mg/l). El 23,88% de los explantes regeneraron el brote en este medio y el número medio más bajo se registró en este medio como 1,00 (0,0) pero la longitud más baja del brote fue de 1,26 (0,8) cm encontrada en MS + 4,0 mg/l Kn.

BAP + NAA (Tabla-2.5) : Entre las diferentes concentraciones y combinaciones de BAP y NAA, el mayor porcentaje de brotes regenerados por el explante fue del 68,92% en el medio que contiene MS + 2,0 mg/l BAP + 0,5 mg/l NAA. El número medio más alto de brotes regenerados fue de 3,73 (0,4) y la longitud media más alta de los brotes fue de 2,82 (0,6) cm en el mismo medio. El segundo número más alto de brotes regenerados fue del

58,81% y 3,64 (0,3) brotes por cultivo en el medio que contenía MS + 2,0 mg/l BAP + 1,0 mg/l NAA.

BAP + IAA (Tabla-2.6) : Entre las diferentes concentraciones y combinaciones de BAP y IAA en el medio MS se encontró que 4,0 mg/l BAP + 1,0 mg/l IAA era la mejor, en la que se produjo el mayor porcentaje (82,33%) de regeneración de brotes. El número medio más alto de regeneración de brotes fue de 8,00 (0,5) y la longitud media más alta de los brotes fue de 3,06 (0,4) cm en el mismo medio. El porcentaje más bajo de brotes regenerados en cultivo, 39,04%, se encontró en 1,0 mg/l BAP + 0,1 mg/l IAA. El número medio más bajo fue de 2,91 (0,2) y la longitud media más baja del brote fue de 1,67 (0,8), encontrada en el mismo medio (Fig-2.2 A&B).

De los experimentos iniciales descritos anteriormente se determinó que **4,0 mg/l de PBA con 1,0 mg/l de AAI** en el medio de la EM era superior a otras concentraciones y combinaciones de citoquinina y auxina. El cultivo máximo de brotes regenerados fue del 73,36% y 82,33%, respectivamente, en la punta del brote y en el explante nodal, y en este medio se encontró una media de 6,53 (0,4) y 8,00 (0,5) brotes por cultivo en la punta del brote y en el explante nodal, respectivamente. La mayor longitud de los brotes fue de 3,31 (0,6) y 3,06 (0,4) cm, respectivamente, a partir de la punta del brote y de los explantes nodales.

Los brotes recién formados fueron separados y subcultivados a medio fresco de los mismos componentes del medio. Con el número de subcultivo se encontró que el número de brotes por cultivo se incrementaba. Después del quinto subcultivo, el número de brotes fue de 8,0 a 12,0, respectivamente en el cultivo derivado de la punta del brote y de los explantes nodales (Fig-2.3 y 2.4).

Para mejorar aún más el medio, al tener un gran número de brotes, el medio así determinado se complementó con agua de coco (CW) y carbón activado (AC) individualmente y en diferentes combinaciones y también se probaron diferentes concentraciones de sacarosa.

2.3.4 Efectos de las diferentes concentraciones de sacarosa, agua de coco (CW) y carbón activado (AC) en la proliferación de los brotes y el crecimiento individual de los mismos

2.3.4.1 Efectos de las diferentes concentraciones de sacarosa

Está documentado que el establecimiento, la proliferación y la multiplicación de los brotes *in vitro* también están influidos por la concentración de sacarosa. Se utilizó entre el 1 y el 4% de sacarosa junto con BAP (4,0 mg/l) con IAA (1,0 mg/l) para ver el efecto de la sacarosa en la longitud de los brotes y el número de brotes por cultivo. El número máximo de brotes por cultivo fue de 8,0 y 12,0 y la longitud máxima de los brotes fue de 4,0 y 3,5 cm, respectivamente, derivados de la punta del brote y de los explantes nodales con un 3% de sacarosa. El mayor número de regeneración y crecimiento de los brotes se obtuvo con un 3% de sacarosa y las yemas de los brotes eran verdes y sanas. La longitud mínima del brote se observó en el medio con un nivel de sacarosa del 1%, en el que como el 4% de sacarosa tampoco era adecuada para el crecimiento y la proliferación (Gráfico-2.2).

2.3.4.2 Efectos de diferentes concentraciones de agua de coco (CW)

Para aumentar el número de brotes por cultivo y la longitud de los brotes individuales, se utilizó agua de coco CW (5 - 25%) v/v individual con el medio determinado (MS + 4,0 mg/l BAP + 1,0 mg/l IAA + 3% de sacarosa).

El número de brotes también se incrementó con el agua de coco. En la presente investigación se observó que el 15% de agua de coco aumentaba el número de brotes por cultivo hasta 10 y 15, respectivamente en el cultivo derivado de la punta del brote y en el de los explantes nodales. También se observó que el crecimiento en altura de los brotes individuales aumentó hasta 5,12 y 4,56 cm, respectivamente, en el cultivo derivado de la punta del brote y los explantes nodales, que fue MS + 4,0 mg/l BAP + 1,0 mg/l IAA con un 3% de sacarosa + 15% CW (Fig-2.5 y 2.6; Gráfico- 2.3).

2.3.4.3 Efectos de diferentes concentraciones de carbón activado (CA) en la multiplicación de los brotes y el crecimiento de los brotes individuales

En la investigación se utilizó carbón activado (1 - 3g/l) junto con la concentración constante de BAP (4,0 mg/l) con IAA (1,0 mg/l) para aumentar el número de brotes por cultivo y la longitud de los brotes individuales. Entre los diferentes tratamientos probados en el mencionado resultado se encontró la proliferación de los brotes utilizando diferentes concentraciones de carbón activado (AC) con BAP y IAA óptimos. Se descubrió que cuando se añadieron 150 mg/l de CH al medio seleccionado, el número de brotes por cultivo aumentó a 9,0 y 13,0 respectivamente a partir de la punta del brote y del explante nodal. También se observó que al añadir carbón activado (AC) al medio, el crecimiento en altura de los brotes individuales aumentó a 4,5 cm y 4,0 cm, elevado desde la punta del brote y los explantes nodales, respectivamente. Un mayor aumento de la concentración de AC en el medio disminuye la eficiencia del crecimiento y la multiplicación (Gráfico-2.4).

2.3.3.4 Efectos de diferentes concentraciones y combinación de carbón activado (CA) y agua de coco (CA) en la multiplicación de los brotes y el crecimiento de los brotes individuales

Se utilizaron diferentes concentraciones y combinaciones de carbón activado (AC) y agua de coco (CW) en un medio seleccionado (MS + 4,0 mg/l BAP + 1,0 mg/l IAA + 3% de sacarosa) para observar su efecto acumulativo en la proliferación de brotes y el crecimiento de la altura individual. Se obtuvo un resultado satisfactorio utilizando 15% CW + 2 g/l AC en el medio (Gráfico-2.5-2.8). Se comprobó que cuando se añadieron 2 g/l AC y 15% CW al medio seleccionado, el número de brotes por cultivo aumentó hasta 12,0 y 17,0, en los cultivos levantados desde la punta del brote y los explantes nodales, respectivamente. También se descubrió que al añadir 2 g/l de CA + 15% de CA al medio se aumentaba la altura de crecimiento de los brotes individuales, que eran de 6,5 cm y 5,5 cm, respectivamente, en los cultivos criados a partir de la punta del brote y el explante nodal, se obtenía un crecimiento sano (Fig-2.7 y 2.8).

2.3.5   Diferenciación de las raíces en los brotes regenerados

La inducción de la raíz comienza dentro de los 15 días del cultivo. Para observar el enraizamiento se cultivaron brotes directamente regenerados a media potencia en medios MS (MMS- Modified Murashige and Skoog,

1962) con diferentes concentraciones y combinaciones de auxinas. Se utilizaron tres auxinas diferentes, a saber, NAA (0,5-2,0 mg/l), IAA (0,5-2,0 mg/l) e IBA (0,5-2,0 mg/l), solas o en combinaciones a media potencia en el medio MS. Los medios que contenían IAA y NAA solos no indujeron a la raíz. En el medio complementado con IBA solo (0,5-2,0 mg/l) se indujeron raíces tuberosas dentro de los 15 días del cultivo (Tabla-2.7) (Fig-2.9). Sin embargo, la adición de IBA y NAA juntos mejoró el porcentaje de enraizamiento, pero las raíces eran gruesas y suculentas.

El mayor porcentaje de inducción radicular fue del 82,33 % en MMS + 2,0 mg/l IBA + 2,0 mg/l NAA. El número medio de raíces inducidas por brote fue de 5,78(0,4) y la longitud media de la raíz fue de 4,72 (0,5) cm, pero las raíces eran tan gruesas y suculentas que no se adaptaban a la transformación (Fig-2.10). El cultivo en un medio que contenía IBA y IAA era adecuado para la inducción de la raíz adecuada. Los microbrotes cultivados en 1,0 mg/l de IBA e IAA produjeron 5-6 raíces de tipo normal con 20 días de cultivo (Fig-2.11). Después de 40 días de cultivo se desarrolló en la porción basal del brote.

2.3.6 Aclimatación y trasplante de las plantas regeneradas a las condiciones de campo

El último paso de la investigación fue el endurecimiento y la transferencia de las plántulas al suelo. Para el endurecimiento de la planta enraizada, el cultivo que contenía las plántulas se transfirió de la sala de crecimiento a la sala abierta y se mantuvo allí durante siete días. Cuando las plántulas pasaron de una baja intensidad de luz en el cuarto de cultivo a una luz de día completa en el cuarto abierto, se aclimataron en cierta medida. Las pequeñas plantillas fueron entonces retiradas del medio y transferidas a bolsas de polietileno o macetas de tierra que contenían la mezcla de tierra de jardín + abono + arena (1:1:1).

Las plantillas estaban cubiertas con láminas de polietileno para mantener la alta humedad. Al cabo de 10 días se retiró gradualmente la cubierta de polietileno y las plántulas se trasladaron posteriormente a condiciones exteriores (Fig-2.12). La tasa de supervivencia de las plántulas en el suelo fue del 75%.

De los resultados obtenidos a través del estudio se determina que el explante nodal es superior a la punta de brote para la inducción de brotes de *Gloriosa superba* Linn. El mejor medio para la regeneración múltiple de los brotes es **MS + 4,0 mg/l BAP + 1,0 mg/l IAA + 3% de sacarosa.**

Para el crecimiento y desarrollo de los brotes regenerados el medio mejor determinado es **MS + 4,0 mg/l BAP + 1,0 mg/l IAA + 3% de sacarosa + 15% CW + 2 g/l AC.**
Para el enraizamiento de los brotes regenerados el medio determinado **es MMS + 1,0 mg/l IBA + 1,0 mg/l NAA**

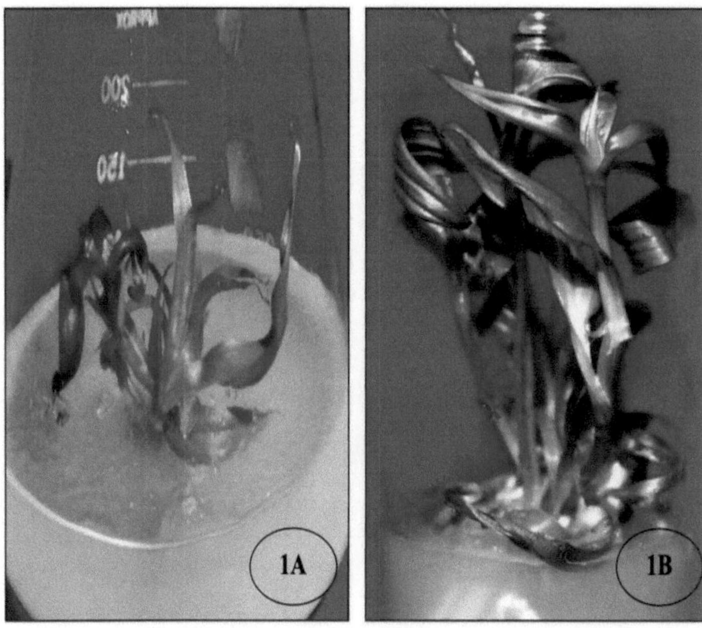

Fig-2.1.A&B: Fotografías que muestran la inducción de brotes de explantes de la punta del brote (1A,1B) cultivados en MS + 4,0 mg/l BAP + 1,0 mg/l IAA. (1A) Regeneración de los brotes después de cuatro semanas de cultivo, (1B) Multiplicación del brote después de un segundo subcultivo.

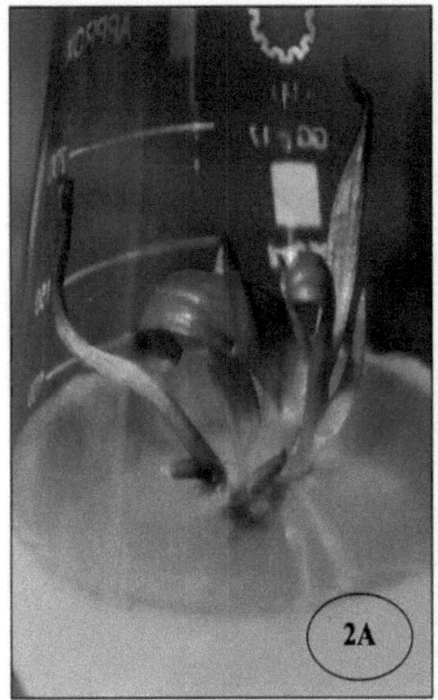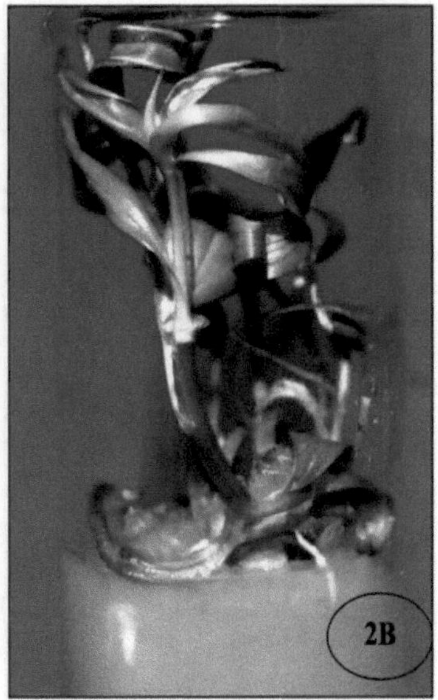

Fig-2.2.A y B: Fotografías que muestran la inducción de brotes de explantes nodales (2A,2B) cultivados en MS + 4,0 mg/l BAP + 1,0 mg/l IAA. (2A) Regeneración de brotes después de cuatro semanas de cultivo, (2B) Multiplicación de brotes después de un segundo subcultivo.

Fig-2.3 : Fotografías que muestran la multiplicación de brotes de brotes regenerados inducidos por explantes de la punta del brote (3) en el quinto subcultivo, en MS + 4,0 mg/l BAP + 1,0 mg/l IAA medio.

Fig-2.4 : Fotografías que muestran la multiplicación de brotes de brotes regenerados inducidos a partir de explantes nodales (4) en el quinto subcultivo, en MS + 4,0 mg/l BAP + 1,0 mg/l IAA medio.

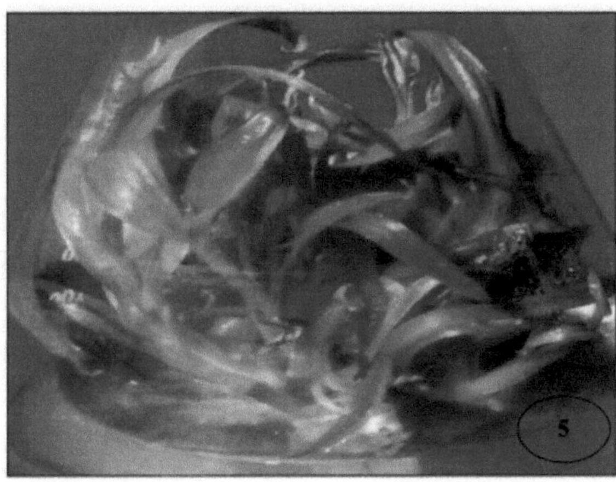

Fig-2.5: Fotografías que muestran el número de brotes proliferados de los explantes de la punta del brote (5) cultivados en MS + 4,0 mg/l BAP + 1,0 mg/l IAA + 15% CW.

Fig-2.6: Fotografías que muestran el crecimiento de brotes regenerados de explantes nodales (6) cultivados en MS + 4,0 mg/l BAP + 1,0 mg/l IAA + 15% CW.

Fig-2.7 : Fotografía que muestra el crecimiento y el número de brotes regenerados de los explantes derivados de la punta del brote (7) cultivados en MS + 4,0 mg/l BAP +1,0 mg/l IAA + 15% CW + 100 mg/l CH

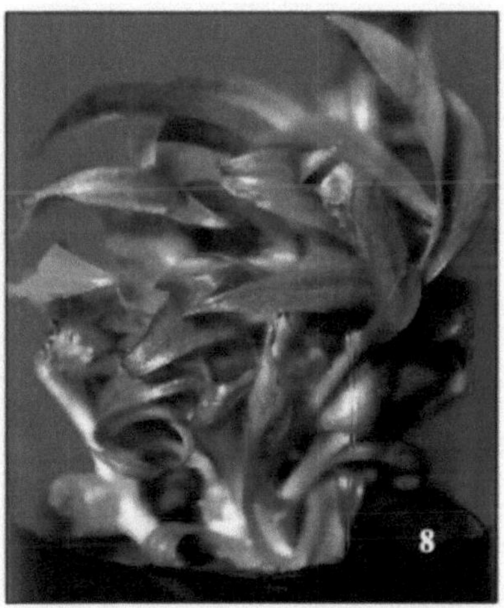

Fig.-2.8: Fotografía que muestra el crecimiento y el número de brotes regenerados de los explantes derivados del segmento nodal (8) cultivados en MS + 4,0 mg/l BAP +1,0 mg/l IAA + 15% CW + 100 mg/l CH.

Fig-2.9: Fotografías que muestran la inducción de la raíz tuberosa (9) a partir de brotes regenerados cultivados en medio de MS de media potencia en combinaciones con 2,0 mg/l de IBA
(Raíces inducidas después de 14 días de cultivo.)

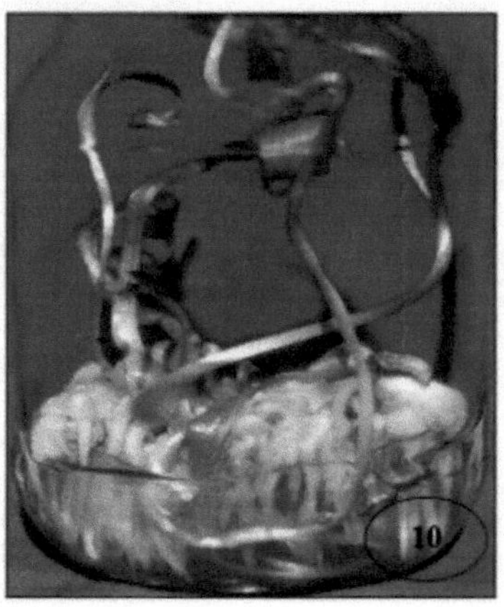

Fig-2.10: Fotografías que muestran la inducción de un profuso sistema radicular (10) a partir de brotes regenerados cultivados en media fuerza MS + 2,0 mg/l IBA + 2,0 mg/l NAA
(Las raíces son suculentas y se inducen después de 10 días de cultivo).

Fig-2.11: Fotografías que muestran la inducción del sistema radicular normal (11) inducida después de 20 días de cultivo a partir de brotes regenerados cultivados en media fuerza MS +1,0 mg/l IBA + 1,0 mg/l NAA (Después de 40 días de cultivo. se desarrolla una estructura similar a la de un cúmulo en la porción basal del brote).

Fig-2.12: Plantas regeneradas aclimatadas de 6 meses de edad de Gloriosa superba : Linn.

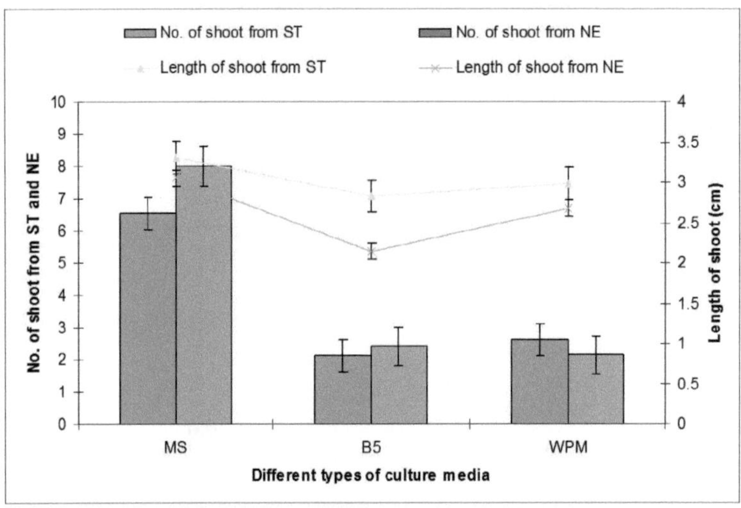

Gráfico 2.1. Efecto de los diferentes tipos de medios de cultivo en el número de brotes por cultura y la longitud del brote individual de *Gloriosa superba* Linn.

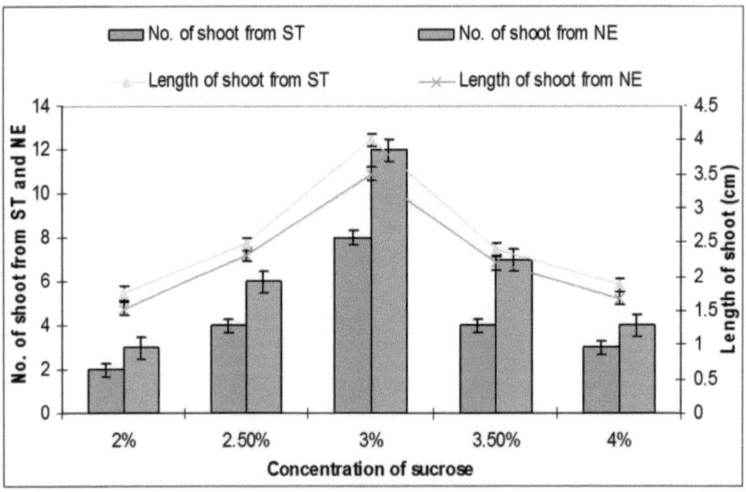

Gráfico 2.2. Efecto de las diferentes concentraciones de sacarosa en el número de brotes por cultivo y en la longitud del brote individual de *Gloriosa superba* Linn.

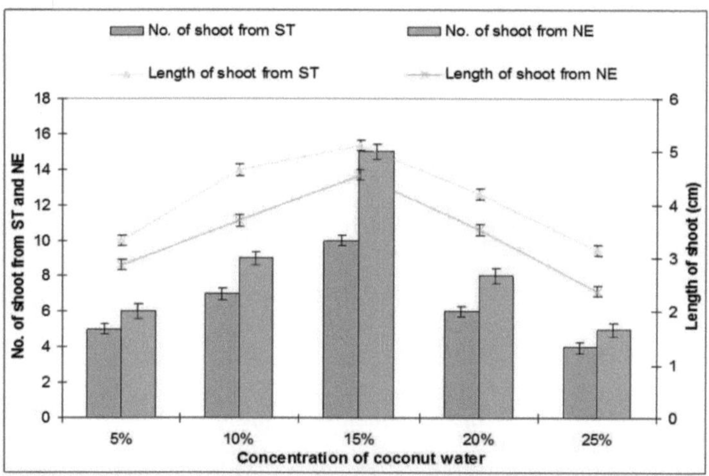

Gráfico 2.3. Efecto de las diferentes concentraciones de agua de coco en el número de brotes por cultivo y en la longitud de cada uno de los brotes de *Gloriosa superba* Linn.

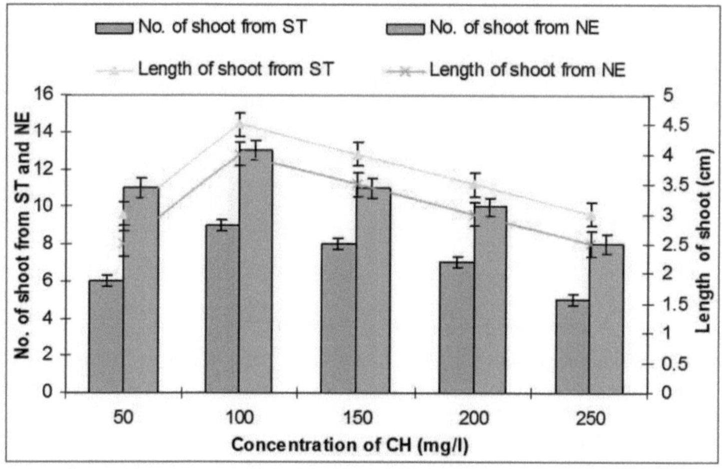

Gráfico 2.4. Efecto de las diferentes concentraciones de agua hidrolizada de caseína en el número de brotes por cultivo y la longitud de cada uno de los brotes de *Gloriosa superba* Linn.

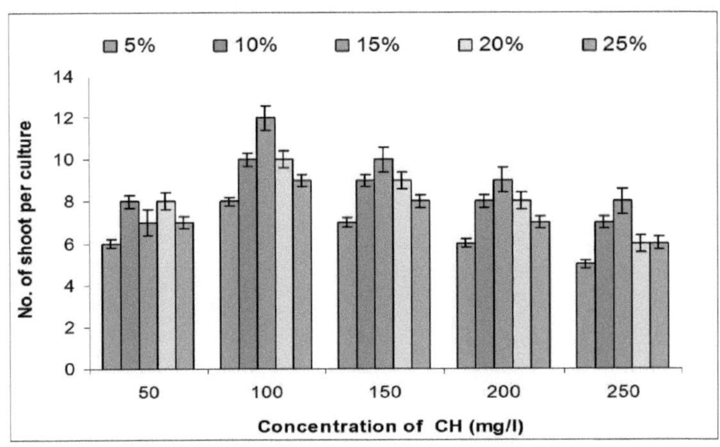

Gráfico-2.5 : Gráfico que muestra los efectos de la CH y la CW en el número de proliferación de brotes de los explantes de la punta del brote cultivados en MS + 4,0 mg/l BAP + 1,0 mg/l IAA + 3% de sacarosa.
Barras = Error estándar.

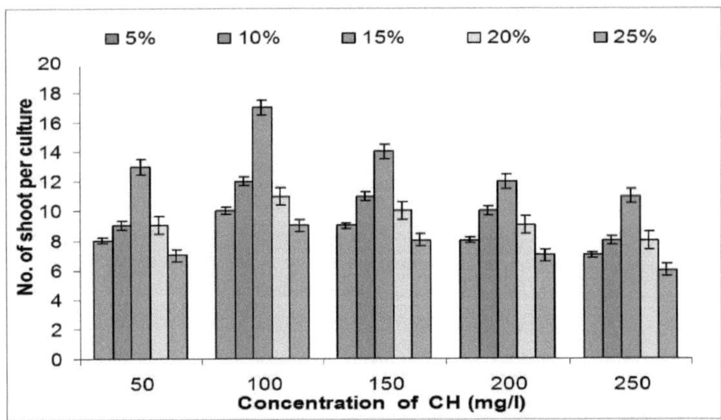

Gráfico-2.6 : Gráfico que muestra los efectos de la CH y la CW en el número de proliferación de brotes de los explantes nodales cultivados en MS + 4,0 mg/l BAP + 1,0 mg/l IAA + 3% de sacarosa.
Barras = Error estándar.

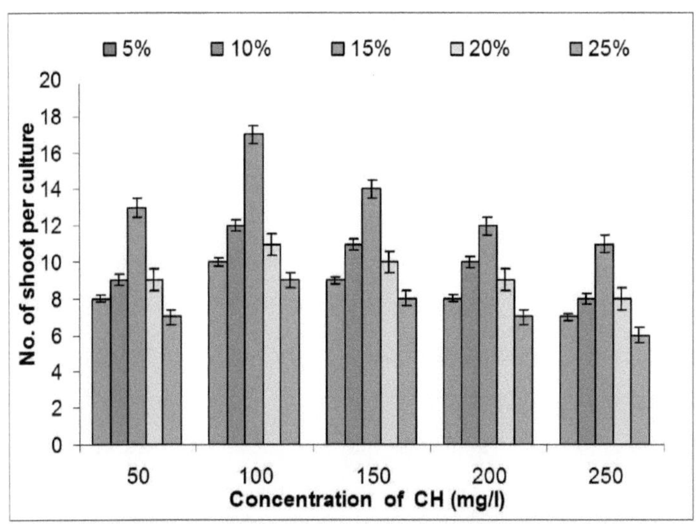

Gráfico 2.7 : Gráfico que muestra los efectos de la CH y la CW en el crecimiento de la altura del brote   individual de los explantes de la punta del brote cultivados en MS + 4,0 mg/l BAP + 1,0 mg/l IAA + 3% de sacarosa. Barras = Error estándar.

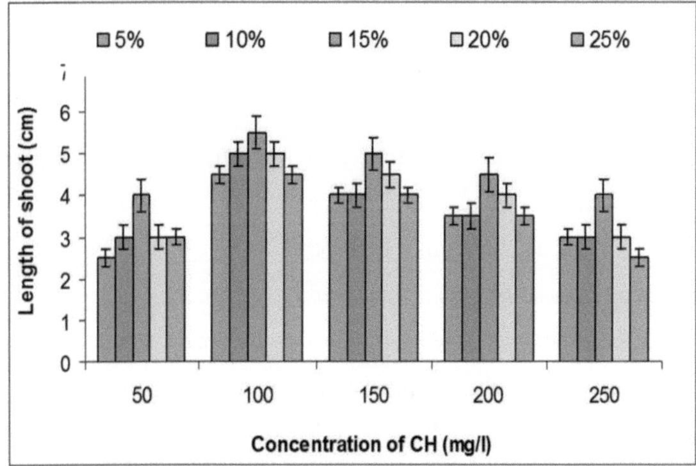

Gráfico 2.8 : Gráfico que muestra los efectos de la CH y la CW en el crecimiento de la altura del brote   individual de los explantes nodales cultivados en MS + 4,0 mg/l BAP + 1,0 mg/l IAA + 3% de sacarosa. Barras = Error estándar.

2.4 DISCUSIÓN

La técnica de cultivo de tejidos consiste en el establecimiento de células o tejidos diferenciados en condiciones de cultivo adecuadas, la proliferación y la posterior regeneración de las plantas. Los métodos *in vitro de propagación de* plantas incluyen el cultivo de brotes con proliferación de brotes axiales o adventicios y el cultivo de callos con organogénesis. Aunque todas las células vegetales son teóricamente totipotentes, los intentos con los tejidos principales para obtener plantas enteras conducen al fracaso debido a la falta de técnicas adecuadas y a un conocimiento insuficiente de los medios nutritivos y otras composiciones físicas y químicas, que son esenciales para el crecimiento adecuado de las células, los tejidos y los órganos.

Las plantas medicinales se han estado propagando tradicionalmente por medio de semillas. La propagación por el método in vitro a partir de semillas y plántulas tiene alguna aplicación, principalmente para aumentar el rendimiento que es bajo en la producción de semillas (Rancillac 1979). Sin embargo, la aplicación más importante es en la producción masiva de plantas medicinales y se espera que ésta utilice las plantas medicinales sin destruir la vegetación natural. La aplicación de la propagación *in vitro* a la producción de nuevas variedades deseables de plantas medicinales podría ser de gran valor, ya que la reproducción mediante la hibridación sexual normal requiere trabajo y tiempo. Además, hay muchas plantas de importancia comercial que son estériles y no se pueden obtener variedades mejoradas mediante el fitomejoramiento convencional. En un futuro próximo será posible superar estas limitaciones mediante la producción de mutantes y tipos de plantas poliploides mediante la regeneración a partir de callo y células individuales que son genéticamente inestables o han sido sometidas a agentes mutagénicos (Spiegel-Roy y Kochba 1973; Gayner *y otros* 1981).

Sin embargo, todavía hay muchos objetivos útiles que pueden alcanzarse utilizando la tecnología actual. Entre ellos se encuentran la multiplicación de plantas individuales para su uso en semilleros, huertos de semillas, pruebas de progenie, conservación de especies raras, en peligro de extinción o de reproducción lenta.

Además de la producción comercial, la propagación in vitro de plantas medicinales se ha aplicado en una escala algo menor a los programas de mejoramiento mediante la rápida producción de nuevas líneas prometedoras para pruebas de campo. Longbottom *y otros* (1980) también han demostrado que el método es útil para la producción rápida durante todo el año de plantas uniformes para proyectos de investigación que, de otro modo, dependerían de lotes únicos de plantas producidas anualmente por métodos convencionales (Atkinson y Wilson 1980). Los resultados obtenidos durante este estudio se han descrito a la luz de la bibliografía disponible.

En el programa de cultivo de tejidos, la fuente de los explantes, el pretratamiento, la edad de desarrollo, los diferentes medios de crecimiento, los suplementos nutricionales, el tratamiento secuencial, las tasas de aireación y subcultivo, etc. son factores críticos. También existe el concepto general de que las respuestas morfogénicas representan un equilibrio de sustancia estimulante e inhibidora, muchas de las cuales aún pueden ser identificadas (Durzon 1988).

2.4.1 Esterilización de la superficie de los explantes

La contaminación es un hecho común durante el cultivo. A fin de reducir las pérdidas y aumentar la eficiencia del cultivo, debe evitarse la contaminación en cada etapa. Con ese fin, los explantes se tratan con diversos agentes esterilizantes, solos o en combinación, de diferente duración y concentraciones para diversos explantes (punta de brote y segmento nodal). Hammerschlag (1982) informó de que la esterilización óptima depende del tamaño y la elección de los explantes y que éstos eran factores críticos. Druart y Gruselle (1986), Bennett y Mc Comb (1982), Roy *y otros* (1987), Nekrosove (1964) y Gupta *y otros* (1981) informaron de la esterilización de la superficie de los explantes mediante el uso de HgCl2, las concentraciones y el tiempo de remojo deben ser acordes con la resistencia de la fuente de los explantes.

La desafección completa de muchas especies de plantas es extremadamente difícil, especialmente cuando los explantes se toman de la planta madura del campo, debido a la penetración en el tejido de varios microorganismos (Franclet 1979; Jones *y otros* 1979). En el experimento de desafección de los explantes recogidos de plantas maduras se ensayaron con diferentes concentraciones de HgCl2 y se encontró que el 74% y el 76% de los cultivos estaban libres de contaminación sin daño tisular tratados con 0,2% de HgCl2 durante 6 y 7 minutos, respectivamente.

2.4.2 Regeneración de brotes directamente de los explantes de la punta de los brotes de la planta madura de *Gloriosa superba* Linn

Hay muchos informes sobre la regeneración de los brotes de los explantes de la punta de los brotes de las plantas maduras. Sivakumer *y otros* (2000) informaron de la multiplicación de brotes de la punta del brote y de los segmentos nodales de plantas medicinales maduras de *Gloriosa superba* Linn. en un medio MS complementado con 9,84 µM 2iP y 2,32 µM Kn. Dinesh-Agrawal (1999) observó la multiplicación de los brotes del explante de la punta del brote de Gloriosa *superba* Linn. maduras en el medio MS complementado con 1-8 mg/l BAP y 1-2 mg/l IAA. Adolfina *y otros* (1997) informaron de que la formación de brotes adventicios se obtenía cuando se cultivaban los brotes de la punta de un *Hedeoma multiflorum maduro en un medio* MS suplementado con 22,2 µm BAP y 0,05 µM NAA. Estos hallazgos corroboran el resultado de la presente investigación, en la que la punta del brote de *Gloriosa superba* Linn. se proliferó en un brote múltiple en un medio MS suplementado con 4,0 mg/l BAP con 1,0 mg/l IAA.

2.4.3 Regeneración de disparos directamente de los explantes nodales de *Gloriosa superba* Linn

Hay muchos informes sobre la regeneración de los brotes de los explantes nodales de las plantas maduras. Tawfik (1997) informó de la formación de múltiples brotes a partir del segmento nodal de la planta madura de *Azadirachta indica* A. Juss. en un medio de planta leñosa complementado con 0,5 mg/l Kn y 1,0 mg/l BAP. De Fossard (1977, 1978) y Baker *y otros* (1977) encontraron formación de múltiples brotes a partir de los nódulos de plantas maduras de *Eucalyptus deglupta*.

Todos los resultados de su estudio concuerdan con los hallazgos de la presente investigación de que los segmentos nodales de las plantas maduras de *Gloriosa superba* Linn. produjeron múltiples brotes en el medio MS complementados con 4,0 mg/l BAP con 1,0 mg/l IAA.

Del estudio se desprende que ambos tipos de explantes (punta del brote y segmento nodal) del *Gloriosa superba* Linn. maduro se encontraron capaces de producir brotes únicos y múltiples con la suplementación de diferentes reguladores de crecimiento en el medio de la EM. Se encontró que el segmento nodal era más eficiente en la producción de múltiples brotes en comparación con los explantes de la punta del brote. Yadav (1990), Amin y Akhter (1993) y Duran-Villa *y otros* (1989) encontraron resultados similares en su experimento en *Syzygium cumini* y *Citrus grandis*, respectivamente.

2.4.4 Papel del nivel de sacarosa en el medio

En el estudio se determinó el papel del nivel de sacarosa en la multiplicación del crecimiento de los brotes. La sacarosa suele ser la fuente de carbono y energía. Diferentes concentraciones de sacarosa con combinaciones hormonales constantes pueden regular la diferenciación del xilema y el floema en varios tejidos de callo (Fadia y Metha 1973) y también ayudan al desarrollo de brotes y raíces organizados (Miah y *otros* 1986). El efecto beneficioso de la alta concentración de sacarosa en diferentes eventos de morfogénesis como la multiplicación de los brotes ha sido reportado por De Bruya y Ferreira (1992).

En la investigación, se encontró que el 3% de sacarosa era óptima para aumentar la longitud de los brotes y el número de desarrollo de los mismos y el 1,5% de sacarosa era mínima para el número de desarrollo de los mismos. En el estudio se encontró que el 3% de sacarosa era significativamente superior a las de otros niveles de sacarosa que trataban de aumentar la longitud del brote y el número de brotes. También se observó que al aumentar las concentraciones de sacarosa del 1% al 3% el número y la longitud de los brotes aumentaba gradualmente, pero al aumentar aún más la concentración de sacarosa la longitud y el número de brotes volvían a disminuir gradualmente. Como hay una gran cantidad de sacarosa en el medio, se produce una inhibición de las actividades de la invertasa y la sacarosa sintetasa, se reduce la multiplicación de los brotes y su crecimiento (Kishor y Dange 1990).

2.4.5 Efecto del agua de coco

El efecto del agua de coco en la longitud de los brotes y el número de brotes por cultivo se consideró significativo en la investigación. El estudio demostró que un 20% de agua de coco con BAP era muy eficaz para aumentar el porcentaje de cultivo para la proliferación de brotes, el número de brotes por cultivo y la longitud de los brotes individuales en *Gloriosa superba* Linn... Con el aumento de la cantidad de agua de coco de 0 - 15% aumentó el crecimiento de los brotes, pero una mayor concentración de agua de coco en el medio disminuyó el crecimiento. Debido a la presencia de algún promotor del crecimiento de tipo auxina o similar a la auxina en el agua de coco (Pollard *et al.* 1961) o de derivados de purina relacionados con la kinetina (Letham 1993; Letham *et al. 1964) o de nitrógeno* orgánico y vitaminas (Tulecke *et al.* 1961) o de cualquier otra forma, el agua de coco puede estimular la división celular y la rápida proliferación (Blakely y Steward 1961) de los tejidos.

Hay muchos informes sobre el efecto del agua de coco en los medios de comunicación para aumentar el crecimiento. Gui *et al.* (1984) informaron que la adición de 15-20% de CW aumentó el crecimiento de *Michelia macelurei.* Pence *y otros* (1979) informaron de que la adición del 10% de CW producía más brotes y aumentaba su crecimiento mientras estudiaban la micropropagación del *cacao Theobroma*. La adición del 10% de agua de coco al medio también se consideró beneficiosa en el cultivo *in vitro* de *Gmelina arborea* (Sen *y otros* 1992) y *Elaeocarpus robustus* (Roy *y otros* 1998).

2.4.6 Efecto del carbón activado (AC)

El carbón activado puede promover la embriogénesis somática y la embriogénesis en las culturas de las anteras de *Anemove* y *Nicotiana* (Johansson 1983). Evers (1984) y muchos otros investigadores han demostrado que la adición de carbón activado tiene un efecto primitivo sobre el crecimiento y la organogénesis de las plantas. También se encontraron efectos beneficiosos del carbón activado en la producción de bulbos de *Muscari armeniacum* (Peck y Cumming 1986). En el experimento, la adición de 2 g/l de carbón activado aumentó el potencial de crecimiento y regeneración de *Gloriosa superba* Linn. El carbón activado estabiliza el pH y es posible que el carbón activado desprenda sustancias que promuevan el crecimiento, pero esto aún no se ha demostrado (Pierik 1987).

2.4.7 Inducción de raíces en los brotes regenerados

Los múltiples brotes regenerados in vitro se extirparon individualmente y se subcultivaron en un medio MS de media potencia (MMS) con un 3% de sacarosa complementado con diferentes concentraciones de auxina individualmente o en combinaciones.

Se utilizaron diferentes concentraciones de diversas auxinas como IBA (0,5 - 3,0 mg/l), NAA (0,5 - 2,0 mg/l), IAA (0,5 - 2,0 mg/l) y sus combinaciones para la inducción de raíces. Entre los tratamientos MMS + 2,0 mg/l IBA + 2,0 mg/l NAA indujo raíces en un mayor porcentaje de cultivo.

Hazra y Mascarenhas (1987) informaron de que para el enraizamiento se suele reducir la citoquinina o se sustituye completamente por un mayor suministro de auxina. En *Citrus sinensis* 5,4 µM (0,1 mg/l) NAA indujo el enraizamiento en un medio MS de media potencia. En *Prunus avium* se indujo el enraizamiento en un medio MS de media potencia complementado con 2,5 µM de NAA y 4,9 µM de IBA con un 0,1% de carbón activado. En *Populus tremula se indujo el enraizamiento con medio MS de media fuerza complementado* con 2.5 µM IBA. Sen *y otros* (1992) informaron de que la raíz fue inducida por 1,0 mg/l de IBA y NAA en medio MS de media fuerza de *Gmelina arborea*. En el experimento 2,0 mg/l IBA con 2,0 mg/l NAA al medio MMS indujo raíces en los microbrotes de *Gloriosa superba* Linn. Iapichino (2004) informó de que sólo era necesario el AAI (14,3 µM) para mejorar el enraizamiento *in vitro* de *Polygala myrtifolia*.

2.4.8 Establecimiento de las plantillas en las condiciones de campo

Las dificultades para trasplantar con éxito al suelo las plantas cultivadas con tejidos están bien documentadas (Conner 1984). Para promover la supervivencia *ex vitro* y la competencia fisiológica; especialmente para protegerse del estrés hídrico y fomentar la autotrofia, se suele proporcionar un entorno de transición para un intervalo de aclimatación, cuya duración oscila entre una y varias semanas (Conner 1984). En este entorno de transición la humedad relativa se mantiene en el rango del 70 al 100% mediante la colocación de tiendas de campaña, la nebulización o el empañamiento, y el nivel de luz no debe ser mucho mayor que en la cultura (Donnelly *et al.* 1993).

En este experimento, antes de hablar de las plántulas de los recipientes de cultivo, se mantuvieron a la luz normal del día en una habitación abierta con temperatura normal durante 7 - 10 días donde las plántulas se endurecieron en cierta medida.

Las plántulas fueron transplantadas a bolsas de polietileno o macetas de tierra que contenían arena estéril, tierra y abono 1:1:1. Posteriormente se aclimataron a las condiciones exteriores. La aclimatación tomó aproximadamente 7 semanas y el 75% de las plantas fueron transplantadas con éxito. Las plantas regeneradas eran morfológicamente normales y crecían vigorosamente (Fig-2.12).

La propagación clonal *in vitro* es una técnica comercial, siendo práctica para una amplia gama de especies herbáceas y leñosas por parte de los viveros de todo el mundo. Una vez desarrollado el método y establecido el cultivo aséptico, podría ser tentador continuar propagándose a partir de él durante muchas generaciones sin hacer referencia a la fuente original de la planta.

CAPÍTULO 3

PROPAGACIÓN *in vitro* de *Plumbago indica* L., UNA RARA PLANTA MEDICINAL

PROPAGACIÓN *in vitro* de *Plumbago indica* L., UNA PLANTA MEDICINA RARA

3.1. INTRODUCCIÓN

3.1.1 Descripción general

Plumbago indica L. (Familia Plumbaginaceae), comúnmente conocida como "Ractochita", es una hierba medicinal poco común de Bangladesh (Bhadra *et al.,* 2009). Es una hierba perenne, de ramificación difusa, que se extiende por debajo de los arbustos con hojas elípticas, pelos glandulares pegajosos, flores rojas en espigas glabras y cápsulas membranosas. Su raíz, su corteza y el jugo lechoso de la planta entera son utilizados con fines medicinales por los habitantes de las aldeas, en particular de las zonas tribales, ya que contiene dos alcaloides importantes, a saber, la naftoquinona y la plumbagina (Ghani 2003). Las raíces se utilizan para procurar el aborto y el jugo lechoso se utiliza para el tratamiento de la sarna, la leucodermia, etc. (Anónimo, 1989).

3.1.2 Situación taxonómica

Nombre bengalí	:	Lal Chita, Rakta Chita, Agnichita.
Nombre inglés	:	Hierba de plomo de color rosa.
Familia	:	Plumbaginaceae
Género	:	*Plumbago*
Especies	:	*Plumbago indica*
Nombre científico	:	*Plumbago indica* L.

3.1.3 Origen y distribución

Plumbago indica L. se cultiva en toda la India y se encuentra sobre todo en la región del Himalaya oriental y en Sikkim. También crece en el sudeste asiático y en Madhya Pradesh. Se ve en Nagaland, Manipur, Assam, Meghalaya, Sikkim, Arunachal Pradesh, Odisha, Bengala Occidental y el sur de la India. Crece en otras partes del mundo como África, Europa, Indonesia, China, Malasia, Filipinas y la Península Arábiga. Crece de forma silvestre en la India y ha sido utilizada por muchas tribus desde hace mil años. En Bangladesh crece en los bosques de Chittagong, Chittagong Hill Tracts y Dhaka, ocasionalmente plantado en los jardines.

3.1.4 Componentes químicos

Las raíces y la corteza contienen un fuerte antimicrobiano: naftoquinona, plumbagina, sitosterol, glucósido de sitosterol, tanino, glucosa y ácidos orgánicos. Las partes aéreas contienen 6-hidroxiplumbagina, plumbagina, sitosterol, estigmasterol y campesterol. Se ha aislado de las raíces una nueva bi-naftaquinona, la rosanona y las conocidas naftaquinonas, droserona, eliptinona y zucilanona (Ghani 2003).

3.1.5 Propiedades y usos

Raíces y acres e irritante y usado como vesicante local y abortivo. Se utilizan internamente en el tratamiento de la hepatitis, la dispepsia, las almorranas y la anasarca, tanto externa como internamente en el reumatismo, el afecto paralítico, el agrandamiento de las glándulas y también en la leucodermia. Las raíces son también un poderoso sialogogo y un remedio para la sífilis secundaria y la lepra. El jugo de leche es útil en la oftalmia y la sarna. La plumbagina tiene propiedades antifertilidad. No es tóxica para ningún órgano de las ratas albinas en una dosis de 4 mg/kg de peso corporal (Ghani 2003).

3.1.6 Propagación

Como *Plumbago indica* L. se considera una planta herbácea, se presta poca atención a su propagación y cultivo. Se cultiva comúnmente a partir de semillas y tubérculos. Como las semillas y tubérculos se cosechan para su uso terapéutico, la planta está naturalmente en peligro de extinción.

El poder de germinación de las semillas frescas es alto, pero su viabilidad se pierde rápidamente. Debido a la polinización cruzada, la propagación a través de las semillas no asegura la fidelidad de la planta y la propagación clonal a través de métodos convencionales como el corte, la estratificación del injerto no ha tenido éxito en esta planta. El método de propagación clonal *in vitro de Plumbago indica* L. ha sido probado por Bhadra *y otros* (2009), pero mencionaron los resultados del endurecimiento.

3.1.7 Objetivos de la investigación

Plumbago indica L. , en Bangladesh se ha vuelto rara debido a la constante explotación del hábitat silvestre. Los objetivos del estudio fueron establecer un protocolo adecuado para su propagación masiva, de manera que el germoplasma de esta importante planta medicinal pueda conservarse de la extinción en un futuro próximo. Por lo tanto, se emprendió la presente investigación para desarrollar la técnica de cultivo de tejidos para la rápida propagación masiva de *Plumbago indica* L. a partir de diferentes explantes de plantas maduras con los siguientes programas:

- ❑ Identificación y selección de explantes adecuados para una respuesta rápida y mejores potenciales regenerativos.
- ❑ Para aumentar el número de plantas en un espacio pequeño .
- ❑ Selección de un medio nutritivo adecuado para la máxima formación de la raíz del brote.
- ❑ Propagación direct a *in vitro a* partir de explantes nodales y puntas de brotes de plantas y plántulas maduras cultivadas en el campo en forma de multiplicación .
- ❑ Estandarización de los medios adecuados para la iniciación y el alargamiento de las raíces.
- ❑ Aclimatación y transplante de plantas regeneradas *in vitro* en el campo .

3.2 MATERIALES Y MÉTODOS

3.2.1 Materiales

A continuación se enumeran los equipos y los materiales vegetales utilizados a lo largo de la investigación:

3.2.1.1 Organización e instalaciones básicas, incluidos los equipos

Como se describe en el capítulo 2.2.1.1

3.2.1.2 Materiales vegetales

Plumbago indica L. se utilizó como material experimental para la investigación *in vitro*.

Los siguientes tipos de explantes utilizados :

De las plantas maduras cultivadas en el campo

1. Dispare a los consejos.

2. Segmentos nodales.

Colección de materiales

Los explantes de *Plumbago indica* L. se recogieron en el jardín de plantas medicinales de la Universidad Agrícola de Bangladesh, Mymensingh (Bangladesh).

3.2.2 Métodos

Como se describe en el capítulo 2.2.2

3.3 RESULTADOS

En la investigación sobre la proliferación de brotes de *Plumbago indica* L. las puntas de los brotes y los explantes nodales de las plantas maduras se cultivaron en diferentes medios definidos como MS (Murashige y Skoog 1962), B5 (Gamborg y *otros* 1968) y WPM (Lloyd y McCown 1981) complementados con diferentes concentraciones y combinaciones de auxinas y citoquininas, sacarosa, agua de coco e hidrolizado de caseína. Para facilitar el trabajo y la evaluación precisa de los resultados, los experimentos se realizaron bajo los siguientes epígrafes :

- Estandarización de los explantes de esterilización de superficies.
- Selección de un medio específico definido.
- Regeneración directa de brotes de diferentes explantes de plantas maduras con diferentes concentraciones y combinaciones de auxinas y citoquininas para la multiplicación de los brotes.
- Efectos de diferentes concentraciones de sacarosa y otros aditivos (CW y CH) en la proliferación de brotes y el crecimiento individual de los mismos.
- Diferenciación de las raíces en los brotes regenerados.
- Endurecimiento y establecimiento de las plantas regeneradas a las condiciones del campo.

3.3.1 Normalización de la esterilización de la superficie de los explantes

La esterilización de la superficie de los explantes se realizó con una solución acuosa de cloruro de mercurio ($HgCl_2$). Teniendo en cuenta el problema de la contaminación, se utilizaron diferentes concentraciones de soluciones de $HgCl_2$ y los explantes se trataron en diferentes períodos de tiempo (Tabla-3.1). Se intentó la esterilización de la superficie con 0,02%, 0,05%, 0,1% y 0,2% tratados en diferentes duraciones como 2, 3, 4, 5, 6, 7, 8, 9, 10 y 15 minutos para asegurar explantes libres de contaminación. Inicialmente cuando los explantes fueron tratados con 0,02% y 0,05% de solución de $HgCl_2$ durante 2-4 minutos todos los cultivos se contaminaron dentro de los 4-6 días de la inoculación. Los explantes tratados en la misma concentración de HgCl2 durante 15 minutos produjeron cultivos libres de contaminación en un 40% y un 68%, mientras que los cultivos libres de contaminación en un 72% se obtuvieron cuando los explantes se trataron con una solución de 0,1% de HgCl2 durante 10 minutos. Se obtuvieron resultados muy satisfactorios cuando los explantes se trataron con una solución de HgCl2 al 0,2% durante 6 minutos, lo que arrojó un 74% de cultivos libres de contaminación y los explantes se mostraron sanos.

3.3.2 Selección de un medio específico definido

Para la selección preliminar del medio nutritivo definido, se utilizaron tres medios basales diferentes como MS (Murashige y Skoog 1962), B5(Gamborg *et al. 1968)* y WPM (Lloyd y McCown 1981) en combinación con diferentes concentraciones de BAP (Tabla-3.2) (Gráfico-3.1). Los resultados mostraron que el medio nutritivo MS era superior en todos los aspectos a los otros medios utilizados. Dado que a partir del experimento preliminar se determinó que el medio MS era superior, los siguientes experimentos se llevaron a cabo con el medio basal MS.

3.3.3 Regeneración directa del brote de diferentes explantes de planta madura mediante organogénesis

Para la regeneración directa de los brotes de dos explantes, las puntas de los brotes y los segmentos nodales recolectados de plantas maduras se cultivaron individualmente. Los resultados obtenidos se dan a continuación.

3.3.3.1 Regeneración directa de los brotes desde la punta de los brotes de las plantas adultas a través de organogénesis

Los brotes jóvenes se recogieron de las plantas maduras. Las puntas de los brotes fueron cortadas y cultivadas en el medio MS complementado con BAP o y Kn y en combinaciones con auxinas como BAP-NAA y Kn-NAA. Los datos se recogieron después de cuatro semanas de cultivo. Un buen número de brotes se regeneraron directamente de los explantes inoculados de *Plumbago indica* L. con o sin formación de callo en el extremo cortado de los explantes. Se utilizaron diferentes concentraciones y combinaciones de auxinas y citoquininas en el medio MS para la multiplicación de los brotes. A continuación se describen los resultados sobre la eficacia de la proliferación de los brotes de los explantes según los efectos de la composición del medio.

BAP Singly (Tabla-3.3) : Se utilizaron diez concentraciones diferentes de BAP en el medio MS para la proliferación de brotes. Entre las diez concentraciones utilizadas, se determinó que 0,5 mg/l de BAP era la mejor para la inducción de brotes, en la que se determinó que el 78,62% regeneraba los brotes y el número de brotes regenerados por cultivo era de 9,12(0,6). La longitud media más alta de los brotes fue de 3,26 (0,6) cm. en el mismo medio. El segundo porcentaje máximo de brotes regenerados por cultivo fue del 72,46%, que se observó en MS con 0,2 mg/l BAP. El porcentaje más bajo (22,64%) de regeneración se encontró en el cultivo con 4,0 mg/l BAP. El número medio más bajo de brotes fue de 1,24(0,4) que se encontró en el mismo medio (Fig-3.1).

Kn Singly (Tabla-3.4) : En diferentes concentraciones de Kn utilizadas en el medio de cultivo, los explantes mostraron una proliferación de brotes pero una respuesta comparativamente pobre que la observada en el medio que contiene BAP. El porcentaje medio más alto de regeneración de los brotes fue del 68,55% y el número medio y la longitud media más alta de los brotes fueron de 5,18 (0,4) y 2,88 (0,6) cm, respectivamente, en el medio que contenía 0,5 mg/l de Kn.

BAP + NAA (Tabla-3.5) : La combinación de BAP y NAA en el medio MS fue adecuada para la formación de brotes a partir de explantes cultivados. El medio con 0,5 mg/l de BAP + 0,1 mg/l de NAA resultó ser el mejor medio para la regeneración de los brotes. El número máximo (78,35%) de cultivos produjo brotes en esta composición particular del medio. El mayor número medio de brotes por cultivo fue de 6,01 (0,4) después de 4 semanas de cultivo. La longitud media de los brotes fue de 3,21 (0,5) cm en el mismo medio. El porcentaje más bajo (29,38%) de brotes regenerados se registró en el medio complementado con 2,5 mg/l BAP + 1,0 mg/l NAA. El número medio más bajo y la longitud media de los brotes fueron de 2,08 (0,2) y 1,76 (0,2) cm, respectivamente, en el mismo medio.

BAP + IAA (Tabla-3.6) : Entre las diferentes concentraciones y combinaciones de BAP y IAA en el medio MS se encontró que 0,5 mg/l BAP + 0,1 mg/l IAA era la mejor, en la que el porcentaje más alto era el 73,88% de la regeneración de los brotes. El número medio más alto de regeneración de brotes fue de 6,86 (0,2) y la longitud media más alta de los brotes fue de 3,20 (0,3) cm en el mismo medio. El porcentaje más bajo, el 31,13% de los brotes regenerados en cultivo, se encontró en 2,5 mg/l BAP + 1,0 mg/l IAA. El número medio más bajo fue de 3,26 (0,4) y la longitud media más baja del brote fue de 1,95 (0,5), encontrados en el mismo medio.

Tabla-3.1 : Esterilización de los explantes de Plumbago *indica* L. cultivados en el **campo mediante el agente esterilizante HgCl2 con diferente duración de tiempo. Se tomaron 50 explantes en cada tratamiento. Los datos se registraron dos semanas después del cultivo.**

Duration of treatment in minutes	Concentrations of $HgCl_2$ solution							
	0.02%		0.05%		0.1%		0.2%	
	No. of contamination free explant	% of contamination free explant	No. of contamination free explant	% of contamination free explant	No. of contamination free explant	% of contamination free explant	No. of contamination free explant	% of contamination free explant
02	0	0	0	0	14	28	17	34
03	0	0	0	0	18	34	21	40
04	0	0	0	0	20	36	24	46
05	0	0	2	4	22	38	34	62
06	2	4	3	6	24	42	38	76
07	3	6	5	10	27	52	40	78*
08	5	10	6	12	32	62	42	80*
09	8	16	10	20	36	66	44	84**
10	16	32	21	42	40	74*	46	88***
15	22	42	36	70*	48	92**	-	

*Muerte de tejidos 1-10%,   **Muerte de tejidos 11-25%,   ***Muerte de tejidos 26-50%,

Tabla-3.2 : Efecto de diferentes medios de cultivo en la multiplicación de la punta del brote y los explantes nodales de *Plumbago indica* L. **Cada medio se complementó con 0,5 mg/l BAP.***

Medio	Explantes					
	Dispare a la punta.			Explantes nodales		
	% de cultivo de brotes regenerados	Significa no. de disparos por cultivo	Longitud media del rodaje (cm)	% de cultivo de brotes regenerados	Significa no. de disparos por cultivo	Longitud media del rodaje (cm)
MS	**78.62**	**9.12(0.6)**	**3.26(0.6)**	**88.24**	**13.06(0.8)**	**2.41(0.3)**
B5	38.36	22.13(0.6)	2.43(0.4)	48.32	28.41(0.2)	2.04(0.6)
WPM	32.52	22.63(0.2)	2.38(0.3)	36.36	24.30(0.4)	2.28(0.4)

* Se tomaron 20 explantes para cada medio y el experimento se repitió tres veces. Los datos se tomaron 4 semanas después del cultivo.

Tabla-3.3 :Efecto de diferentes concentraciones de BAP en el medio MS sobre la proliferación de brotes directos de *Plumbago indica* L. Se tomaron 20 explantes para cada tratamiento y el experimento se repitió tres veces. Los datos se registraron cuatro semanas después del cultivo.

BAP (mg/l)	Explants					
	Shoot tip			Nodal segment		
	% of culture regenerated shoot	Average No. of shoot per culture*	Average length of shoot (cm)*	% of culture regenerated shoot	Average No. of shoot per culture*	Average length of shoot (cm)*
0.1	66.24	3.28(0.8)bc	2.62(0.8)bc	63.24	3.18(0.6)bc	5.62(0.8)bc
0.2	72.46	5.62(0.9)b	3.03(0.3)ab	72.62	8.24(0.6)b	2.64(0.4)b
0.5	**78.62**	**9.12(0.6)a**	**3.26(0.6)a**	**88.24**	**13.06(0.8)a**	**2.41(0.3)a**
1.0	63.46	6.28(0.8)b	3.06(0.3)ab	71.48	5.84(0.4)b	2.23(0.2)b
1.5	56.12	4.13(0.6)bc	2.88(0.4)ab	67.64	4.60(0.6)bc	2.12(0.5)bc
2.0	48.22	3.24(0.8)c	2.73(0.2)b	56.82	3.82(0.8)c	2.02(0.4)c
2.5	36.14	2.82(0.5)cd	2.33(0.2)bc	52.40	3.24(0.2)cd	1.82(0.3)cd
3.0	32.88	2.14(0.6)d	2.22(0.6)c	48.84	2.82(0.8)d	1.74(0.2)d
3.5	28.12	1.88(0.9)de	1.68(0.4)d	42.44	2.22(0.4)de	1.54(0.4)de
4.0	22.64	1.24(0.4)e	1.53(0.4)d	36.32	1.64(0.6)e	1.22(0.8)e

*Error estándar en el paréntesis.

Los valores medios seguidos de la misma letra dentro de una columna no son significativamente diferentes usando la Prueba Múltiple de Dancan (P<0.05).

Tabla-3.4 : Efecto de diferentes concentraciones de Kn en el medio MS sobre la proliferación de brotes directos de *Plumbago indica* L. Se tomaron veinte explantes para cada tratamiento y el experimento se repitió tres veces. Los datos se registraron cuatro semanas después del cultivo.

Kn (mg/l)	Explants					
	Shoot tip			Nodal segment		
	% of culture regenerated shoot	Average No. of shoot per culture*	Average length of shoot (cm)*	% of culture regenerated shoot	Average No. of shoot per culture*	Average length of shoot (cm)*
0.1	42.68	3.12(0.9)bc	1.98(0.4)c	53.33	4.08(0.6)b	1.73(0.7)b
0.2	56.13	4.06(0.6)b	2.36(0.3)bc	66.58	5.24(0.4)ab	2.03(0.6)ab
0.5	**68.55**	**5.18(0.4)a**	**2.88(0.6)a**	**72.63**	**6.06(0.2)a**	**2.22(0.3)a**
1.0	62.29	4.24(0.8)b	2.39(0.4)b	61.16	5.14(0.6)ab	2.06(0.4)ab
1.5	57.63	3.68(0.5)bc	1.86(0.3)cd	55.55	4.64(0.8)b	1.76(0.5)b
2.0	41.38	3.36(0.6)c	1.74(0.6)cd	50.73	4.28(0.5)bc	1.68(0.4)bc
2.5	38.22	3.24(0.2)cd	1.62(0.2)cd	45.31	3.86(0.9)c	1.59(0.3)bc
3.0	31.64	2.86(0.4)d	1.53(0.3)d	40.16	3.42(0.5)cd	1.48(0.6)c
3.5	29.13	2.22(0.9)de	1.44(0.3)d	38.53	2.86(0.8)d	1.37(0.5)c
4.0	24.39	1.86(0.6)e	1.38(0.5)d	33.88	2.12(0.4)de	1.26(0.8)cd

*Error estándar en el paréntesis.

Los valores medios seguidos de la misma letra dentro de una columna no son significativamente diferentes usando la Prueba Múltiple de Dancan (P<0.05).

Tabla-3.5 : Efecto de diferentes concentraciones y combinaciones de BAP y NAA en el medio MS sobre la proliferación de brotes directos de *Plumbago indica* L. Se tomaron 20 explantes para cada tratamiento y el experimento se repitió tres veces. Los datos se registraron cuatro semanas después del cultivo.

BAP+NAA (mg/l)		Explants					
		Shoot tip			Nodal segment		
		% of culture regenerated shoot	Average No. of shoot per culture*	Average length of shoot (cm)*	% of culture regenerated shoot	Average No. of shoot per culture*	Average length of shoot (cm)*
0.5	0.1	78.35	6.01(0.4)a	3.21(0.5)a	69.88	9.06(0.8)a	3.68(0.6)a
	0.2	62.12	5.16(0.5)ab	3.10(0.4)ab	64.68	8.23(0.7)ab	2.86(0.3)ab
	0.1	68.33	5.22(0.2)b	2.49(0.3)b	62.79	7.42(0.2)b	2.97(0.5)ab
1.0	0.2	60.16	4.26(0.5)bc	2.58(0.4)bc	60.69	6.63(0.6)bc	2.06(0.6)bc
	0.5	52.27	3.31(0.2)c	2.67(0.6)bc	59.78	5.84(0.4)c	2.15(0.4)bc
	0.1	57.77	3.37(0.3)cd	2.76(0.3)c	52.63	4.13(0.2)cd	2.24(0.5)b
1.5	0.5	55.13	3.55(0.6)d	2.94(0.5)c	49.31	4.51(0.3)cd	2.42(0.7)b
	1.0	48.31	2.94(0.4)de	2.03(0.2)cd	50.66	3.80(0.2)d	2.51(0.3)b
	0.1	51.03	2.73(0.8)e	2.12(0.3)d	42.81	3.51(0.8)de	1.60(0.5)c
2.0	0.5	52.35	2.92(0.4)ef	2.33(0.2)de	48.92	3.73(0.4)e	1.82(0.6)c
	1.0	44.63	2.83(0.4)f	2.12(0.7)e	48.81	3.64(0.3)ef	1.73(0.2)c
	0.1	40.06	2.56(0.3)fg	2.03(0.3)ef	31.72	2.82(0.2)f	1.70(0.5)cd
2.5	0.5	33.33	2.23(0.6)g	2.85(0.5)f	34.54	2.32(0.2)fg	1.52(0.7)d
	1.0	29.38	2.08(0.4)gh	1.76(0.2)fg	30.45	2.03(0.4)g	1.43(0.3)de

*Error estándar en el paréntesis.

Los valores medios seguidos de la misma letra dentro de una columna no son significativamente diferentes usando la Prueba Múltiple de Dancan (P<0.05).

Tabla-3.6 : Efecto de diferentes concentraciones y combinaciones de BAP y IAA en el medio MS sobre la proliferación de brotes directos de *Plumbago indica* L. Se tomaron 20 explantes para cada tratamiento y el experimento se repitió tres veces. Los datos se registraron cuatro semanas después del cultivo.

BAP+IAA (mg/l)		Explants					
		Shoot tip			Nodal segment		
		% of culture regenerated shoot	Average No. of shoot~~ per~~ culture*	Average length of shoot (cm)*	% of culture regenerated shoot	Average No. of shoot~~ per~~ culture*	Average length of shoot (cm)*
5.0	**0.1**	**73.88**	**6.86(0.2)a**	**3.20(0.3)a**	**78.04**	**9.06(0.2)a**	**2.62(0.8)a**
	0.2	62.09	6.22(0.5)b	2.99(0.4)b	63.12	8.03(0.6)b	2.26(0.6)b
	0.1	60.10	5.42(0.3)ab	2.17(0.3)ab	60.19	7.48(0.2)ab	2.24(0.5)ab
1.0	0.2	56.32	4.66(0.5)c	2.26(0.4)c	63.66	6.61(0.1)bc	2.03(0.6)bc
	0.5	52.80	3.81(0.6)cd	2.35(0.5)cd	50.12	5.92(0.3)c	2.12(0.7)c
	0.1	58.66	4.16(0.8) e	3.53(0.3)d	63.60	5.32(0.7)cd	2.30(0.5)cd
1.5	0.5	50.12	4.64(0.2)ef	2.70(0.7)de	55.12	4.16(0.6)d	2.22(0.4)d
	1.0	48.36	3.83(0.4)f	2.28(0.3)e	47.68	3.67(0.8)de	1.63(0.3)de
	0.1	52.03	5.09(0.6)fg	2.98(0.3)ef	60.29	4.16(0.2)e	2.74(0.5)e
2.0	0.5	50.46	4.18(0.6)g	2.18(0.5)f	58.08	3.42(0.3)ef	2.45(0.7)ef
	1.0	43.36	3.53(0.4)gh	1.31(0.6)fg	42.33	2.00(0.5)f	1.06(0.4)f
	0.1	48.63	5.77(0.4)h	2.22(0.3)g	53.67	4.41(0.2)fg	2.48(0.5)fg
2.5	0.5	39.68	4.58(0.6)hi	2.04(0.5)gh	42.34	3.12(0.3)g	2.42(0.2)g
	1.0	31.13	3.26(0.4)ij	1.95(0.5)h	36.55	2.66(0.8)gh	1.03(0.7)gh

*Error estándar en el paréntesis.

Los valores medios seguidos de la misma letra dentro de una columna no son significativamente diferentes usando la Prueba Múltiple de Dancan (P<0.05).

Tabla-3.7 :Efecto de diferentes concentraciones y combinaciones de auxinas en la formación de raíces adventicias en microbrotes de *Plumbago indica* L. cosechados del 7º pasaje del cultivo de proliferación de brotes. Se tomaron 20 microbrotes por cada tratamiento y el experimento se repitió tres veces. Los datos se registraron hasta 60 días después del cultivo.

Auxin (mg/l)	Disparos enraizados (%)	Días necesarios para la inducción de las raíces	La naturaleza de las raíces
NAA 0.5	–	–	–
NAA 0,75	–	–	–
NAA 1.0	–	–	–
NAA 1.5	–	–	–
IAA 0,5	**82.64**	**15 días**	**Como la raíz del grifo**
IAA 0,75	77.26	20 días	Como la raíz del grifo
IAA 1.0	66.28	25 días	Como la raíz del grifo
IAA 1.5	61.04	30 días	Como la raíz del grifo
IBA 0.5	64.26	30 días	Como la raíz del grifo
IBA 0.75	54.75	35 días	Como la raíz del grifo
IBA 1.0	48.34	40 días	Como la raíz del grifo
IBA 1.5	42.66	45 días	Como la raíz del grifo
NAA 1.0 + IBA 1.0	68.84	35 días	Como la raíz del grifo
NAA 2.0 + IBA 2.0	62.33	40 días	Como la raíz del grifo
IAA 1.0 + IBA 1.0	74.35	25 días	Como la raíz del grifo
IAA 2.0 + IBA 2.0	66.52	30 días	Como la raíz del grifo

Los valores medios seguidos de la misma letra dentro de una columna no son significativamente diferentes usando la Prueba de Rango Múltiple de Dancan (P<0.05).

3.3.3.2 Regeneración directa de brotes del segmento nodal del *Plumbago indica* L. adulto a través de la organogénesis

BAP Singly (Tabla-3.3) : Se utilizaron diez concentraciones diferentes de BAP para la proliferación de disparos. El 88,24% como máximo de los cultivos regeneraron los brotes en un medio MS que contenía 2,0 mg/l de BAP. El número medio más alto de brotes fue de 13,06 (0,8) y la longitud media más alta de los brotes fue de 2,41 (0,3) cm en el mismo medio (Fig-3.2). El menor rendimiento de la proliferación de los brotes se observó en un medio de 4,0 mg/l BAP y el porcentaje fue de 22,64.

Kn por separado (Tabla-3.4): Las diez concentraciones diferentes de Kn utilizadas en el medio MS, fueron capaces de regenerar los brotes pero la frecuencia de regeneración fue menor en comparación con el BAP. El 72,63% como máximo de los explantes regeneraron los brotes en el medio con 0,5 mg/l de Kn. El número medio más alto de brotes fue de 6,06 (0,2) y la longitud media del brote fue de 2,22 (0,3) cm en el mismo medio. La respuesta más baja se encontró en la alta concentración de Kn (4,0 mg/l). El 24,39% de los explantes regeneraron el brote en este medio y el número medio más bajo se registró en este medio como 1,86 (0,6) pero la longitud más baja del brote fue de 1,38 (0,5) cm encontrada en MS + 4,0 mg/l Kn.

BAP + NAA (Tabla-3.5) : Entre las diferentes concentraciones y combinaciones de BAP y NAA, el mayor porcentaje de brotes regenerados por el explante fue del 69,88% en el medio que contiene MS + 0,5 mg/l BAP + 0,1 mg/l NAA. El número medio más alto de brotes regenerados fue de 9,06 (0,8) y la longitud media más alta de los brotes fue de 3,68 (0,6) cm en el mismo medio. El segundo número más alto de brotes regenerados fue 64,68%

y 8,23 (0,7) brotes por cultivo en el medio que contenía MS + 0,5 mg/l BAP + 0,2 mg/l NAA.

BAP + IAA (Tabla-3.6) : Entre las diferentes concentraciones y combinaciones de BAP y IAA en el medio MS se encontró que 0,5 mg/l BAP + 0,1 mg/l IAA era la mejor, en la que se produjo el mayor porcentaje (78,04%) de regeneración de brotes. El número medio más alto de regeneración de brotes fue de 9,06 (0,2) y la longitud media más alta de los brotes fue de 2,62 (0,8) cm en el mismo medio. El porcentaje más bajo de brotes regenerados en cultivo, 36,55%, se encontró en 2,5 mg/l BAP + 1,0 mg/l IAA. El número medio más bajo fue de 2,66 (0,8) y la longitud media más baja del brote fue de 1,03 (0,7), encontrados en el mismo medio.

De los experimentos iniciales descritos anteriormente se determinó que **0,5 mg/l de PBA** en el medio de la EM era superior a otras concentraciones y combinaciones de citoquinina y auxina. El cultivo máximo de brotes regenerados fue del 78,62% y 88,24%, respectivamente, en la punta del brote y en los explantes nodales, y en este medio se encontró un número medio de brotes por cultivo, que fue de 9,12 (0,6) y 13,06 (0,8) por cultivo en la punta del brote y en los explantes nodales, respectivamente. La mayor longitud de los brotes fue de 3,26 (0,6) y 2,41 (0,3) cm, respectivamente, a partir de la punta del brote y de los explantes nodales.

Los brotes recién formados fueron separados y subcultivados a medio fresco de los mismos componentes del medio. Con el número de subcultivo se encontró que el número de brotes por cultivo se incrementaba. Después del quinto subcultivo, el número de brotes fue de 10,0 a 14,0, respectivamente en el cultivo derivado de la punta del brote y en el de los explantes nodales.

Para mejorar aún más el medio, al tener un gran número de brotes, el medio así determinado se complementó con agua de coco (CW) e hidrolizado de caseína (CH) individualmente y en diferentes combinaciones y también se probaron diferentes concentraciones de sacarosa.

3.3.4 Efectos de diferentes concentraciones de sacarosa, agua de coco (CW) e hidrolizado de caseína (CH) sobre la proliferación de brotes y el crecimiento individual de los mismos

3.3.4.1 Efectos de las diferentes concentraciones de sacarosa

Está documentado que el establecimiento, la proliferación y la multiplicación de los brotes *in vitro* también están influidos por la concentración de sacarosa. Se utilizó entre el 1 y el 4% de sacarosa junto con BAP (0,5 mg/l) para ver el efecto de la sacarosa en la longitud de los brotes y el número de brotes por cultivo. El número máximo de brotes por cultivo fue de 9,0 y 13,0 y la longitud máxima de los brotes fue de 4,0 y 3,5 cm, respectivamente, derivada de la punta del brote y de los explantes nodales con un 3% de sacarosa. El mayor número de regeneración y crecimiento de los brotes se obtuvo con un 3% de sacarosa y las yemas de los brotes eran verdes y sanas. La longitud mínima del brote se observó en el medio con un nivel de sacarosa del 1%, en el que como el 4% de sacarosa tampoco era adecuada para el crecimiento y la proliferación (Gráfico-3.2).

3.3.4.2 Efectos de diferentes concentraciones de agua de coco (CW)

Para aumentar el número de brotes por cultivo y la longitud de los brotes individuales, se utilizó agua de coco CW (5 - 25%) v/v individual con el medio determinado (MS + 0,5 mg/l BAP + 3% de sacarosa).

El número de brotes también se incrementó con el agua de coco. En la presente investigación se observó que el 15% de agua de coco aumentaba el número de brotes por cultivo hasta 10 y 14, respectivamente en el cultivo derivado de la punta del brote y en el de los explantes nodales. También se observó que el crecimiento en altura de los brotes individuales aumentó hasta 4,12 y 3,56 cm, respectivamente, a partir de la punta del brote y del explante nodal en este medio, que era MS + 0,5 mg/l BAP con un 3% de sacarosa + 15% CW (Fig-3.3; Gráfico- 3.3).

3.3.4.3 Efectos de las diferentes concentraciones de hidrolizado de caseína (CH) en la multiplicación de los brotes y el crecimiento de los brotes individuales

En la investigación se utilizó hidrolizado de caseína (50 - 250 mg/l) junto con la concentración constante de BAP (0,5 mg/l) para aumentar el número de brotes por cultivo y la longitud de los brotes individuales. Entre los diferentes tratamientos probados en la mención se encontró un resultado capaz de la proliferación de brotes utilizando diferentes concentraciones de hidrolizado de caseína (CH) con un BAP óptimo. Se comprobó que cuando se añadían 150 mg/l de CH al medio seleccionado, el número de brotes por cultivo aumentaba a 10,0 y 14,0 respectivamente a partir de la punta del brote y de los explantes nodales. También se observó que al añadir hidrolizado de caseína (CH) al medio, el crecimiento en altura de los brotes individuales aumentó a 4,5 cm y 4,0 cm, elevado desde la punta del brote y los explantes nodales, respectivamente. Un mayor aumento de la concentración de CH en el medio disminuye la eficiencia del crecimiento y la multiplicación (Gráfico-3.4).

3.3.4.4 Efectos de diferentes concentraciones y combinación de hidrolizado de caseína (CH) y agua de coco (CW) en la multiplicación de los brotes y el crecimiento de los brotes individuales

Se utilizaron diferentes concentraciones y combinaciones de hidrolizado de caseína (CH) y agua de coco (CW) en un medio seleccionado (MS + 0,5 mg/l BAP + 3% de sacarosa) para observar su efecto acumulativo en la proliferación de brotes y el crecimiento de la altura individual. Se obtuvo un resultado satisfactorio utilizando 15% CW + 150 mg/l CH en el medio (Gráfico-3.5-3.8). Se comprobó que cuando se añadieron 150 mg/l de CH y 15% de CW al medio seleccionado, el número de brotes por cultivo aumentó hasta 12,0 y 17,0, en los cultivos levantados desde la punta del brote y los explantes nodales, respectivamente. También se descubrió que al añadir 150 mg/l de CH + 15% de CW al medio se aumentaba la altura de crecimiento de los brotes individuales, que eran de 6,5 cm y 5,5 cm, respectivamente, en los cultivos levantados de la punta del brote y los explantes nodales, se obtenían cultivos con un crecimiento saludable.

3.3.5 Diferenciación de las raíces en los brotes regenerados

La inducción de la raíz comienza dentro de los 15 días del cultivo. Para observar el enraizamiento se cultivaron brotes directamente regenerados a media potencia en medios MS (MMS- Modified Murashige and Skoog, 1962) con diferentes concentraciones y combinaciones de auxinas. Se utilizaron tres auxinas diferentes, a saber, NAA (0,5-2,0 mg/l), IAA (0,5-2,0 mg/l) e IBA (0,5-2,0 mg/l), solas o en combinaciones a media potencia en el medio MS. El medio que contenía el ANA solo no indujo la raíz. En el medio complementado con IAA e IBA solos (0,5-2,0 mg/l) las raíces se indujeron dentro de los 15 días del cultivo (Fig-3.4).

El mayor porcentaje de inducción radicular fue del 82,64% en MMS + 0,5 mg/l de AAI. El número medio de raíces inducidas por brote fue de 5,78 (0,4) y la longitud media de las raíces fue de 4,72 (0,5) cm. El cultivo en un medio que contenía IAA fue adecuado para la inducción de la raíz apropiada. Los microbrotes cultivados en 0,5 mg/l de IAA produjeron 5 ó 6 raíces de tipo normal con 15 días de cultivo (cuadro 3.7).

3.3.6 Aclimatación y trasplante de las plantas regeneradas a las condiciones de campo

El último paso de la investigación fue el endurecimiento y la transferencia de las plántulas al suelo. Para el endurecimiento de la planta enraizada, el cultivo que contenía las plántulas se transfirió de la sala de crecimiento a la sala abierta y se mantuvo allí durante siete días. Cuando las plántulas pasaron de una baja intensidad de luz en el cuarto de cultivo a una luz de día completa en el cuarto abierto, se aclimataron en cierta medida. Las pequeñas plantillas fueron entonces retiradas del medio y transferidas a bolsas de polietileno o macetas de tierra que contenían la mezcla de tierra de jardín + abono + arena (1:1:1).

Las plantillas estaban cubiertas con láminas de polietileno para mantener la alta humedad. Al cabo de 10 días se retiró gradualmente la cubierta de polietileno y las plántulas se trasladaron posteriormente a condiciones exteriores (Fig-3.5). La tasa de supervivencia de las plántulas en el suelo fue del 82%.

A partir de los resultados obtenidos en el estudio se determina que los explantes nodales son superiores a la punta del brote para la inducción del brote de *Plumbago indica* L. El mejor medio para la regeneración de brotes múltiples es **MS + 0,5 mg/l BAP + 3% de sacarosa.**

Para el crecimiento y desarrollo de los brotes regenerados el medio mejor determinado es **MS + 0,5 mg/l BAP + 3% de sacarosa + 15% CW + 150 mg/l CH.**

Para el enraizamiento de los brotes regenerados el medio determinado **es MMS + 0,5 mg/l IAA**

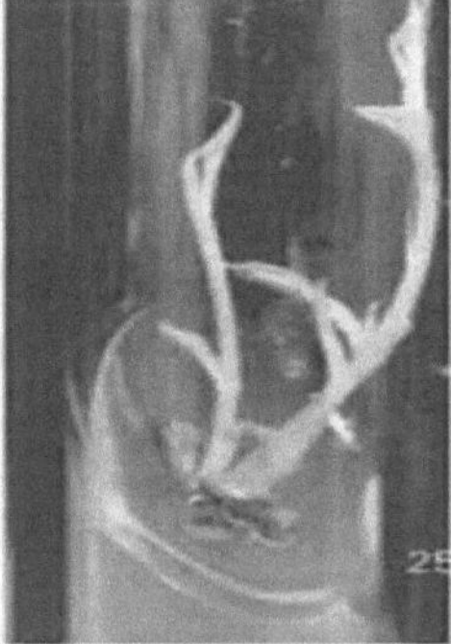

Fig.3.1. Regeneración *in vitro* de Plambago indica L. a partir de puntas de brotes; Inducción de brotes a partir de puntas de brotes en MS + 0,5 mg/l BAP en tres semanas de cultivo.

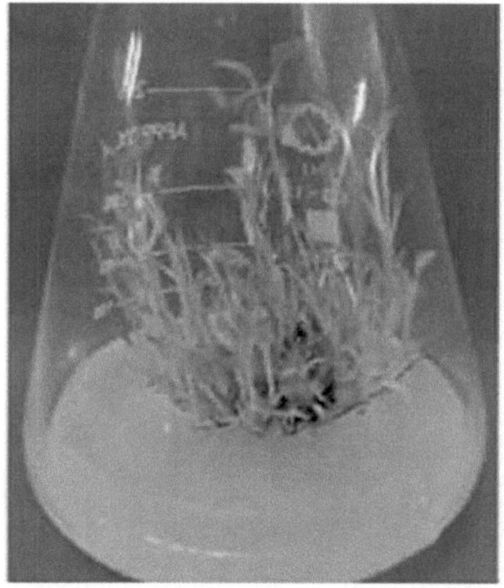

Fig.3.2. Desarrollo y multiplicación de los brotes de los explantes nodales en MS + 0,5 mg/l BAP después de seis semanas de cultivo de *Plambago indica* L..

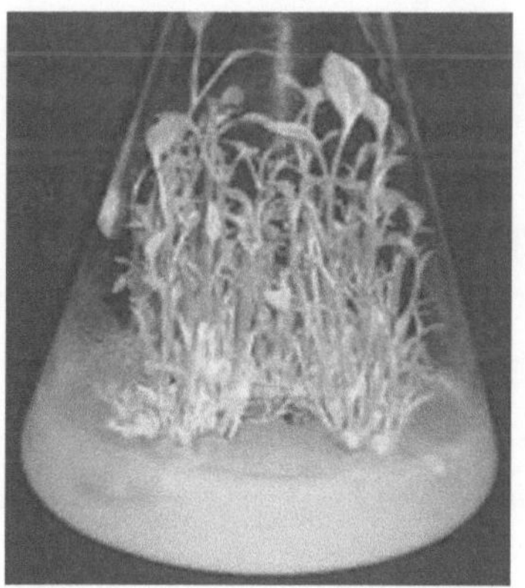

Fig.3.3: Desarrollo y multiplicación de los brotes de los explantes nodales en MS + 0,5 mg/l BAP después de nueve semanas de cultivo de *Plambago indica* L..

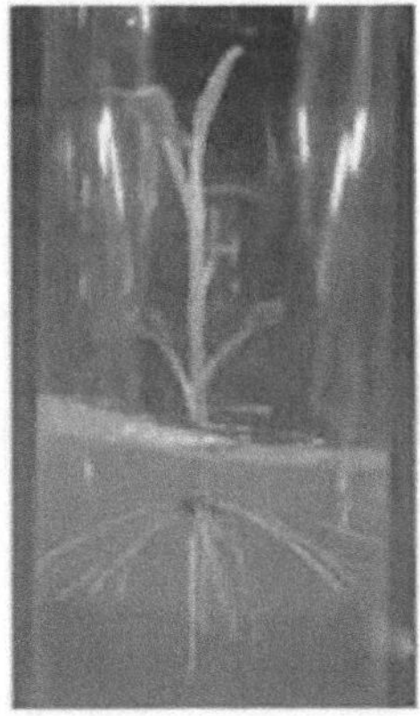

Fig.3.4: Enraizamiento de los brotes regenerados *in vitro cultivados* en la
mitad de la fuerza MS + 0,5 mg/l IAA en la tercera semana de cultivo
de *Plambago indica* L.

Fig.3.5: Plantas regeneradas aclimatadas de dos meses de edad de
Plambago indica L.

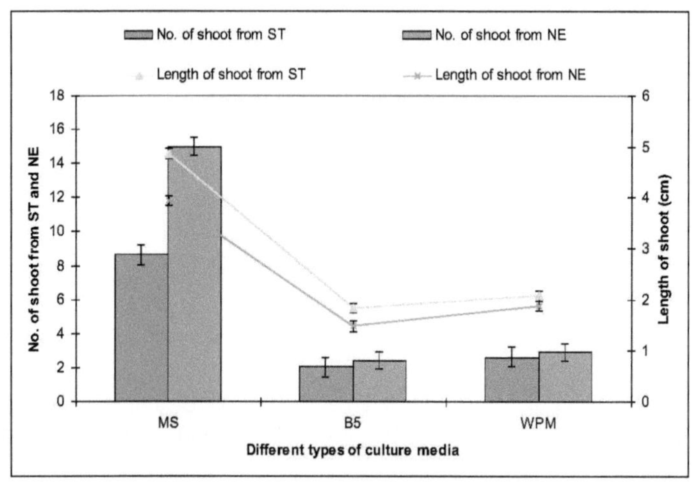

Gráfico 3.1: Efecto de las diferentes concentraciones de sacarosa en el número de brotes por cultivo y la longitud del brote individual de *Plambago indica* L.

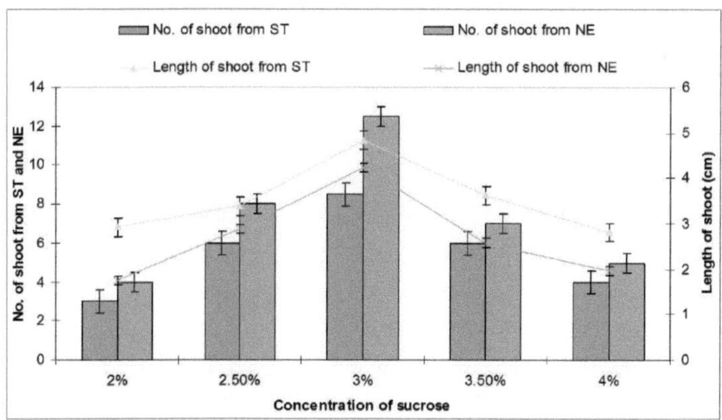

Gráfico 3.2: Efecto de las diferentes concentraciones de sacarosa en el número de brotes por cultivo y la longitud del brote individual de *Plambago indica* L.

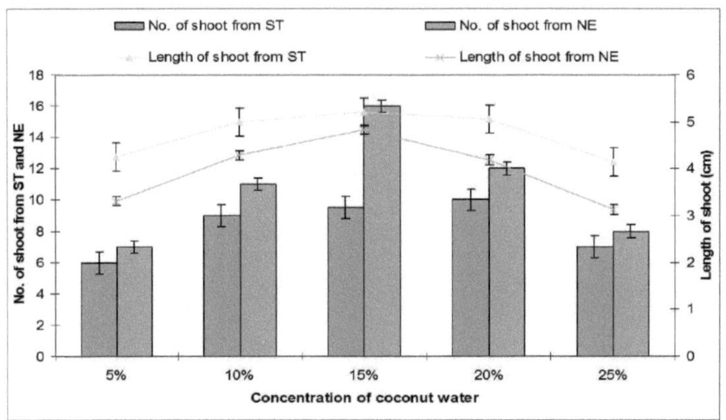

Gráfico 3.3: Efecto de las diferentes concentraciones de agua de coco en el número de brotes por cultivo y la longitud del brote individual de *Plambago indica* L.

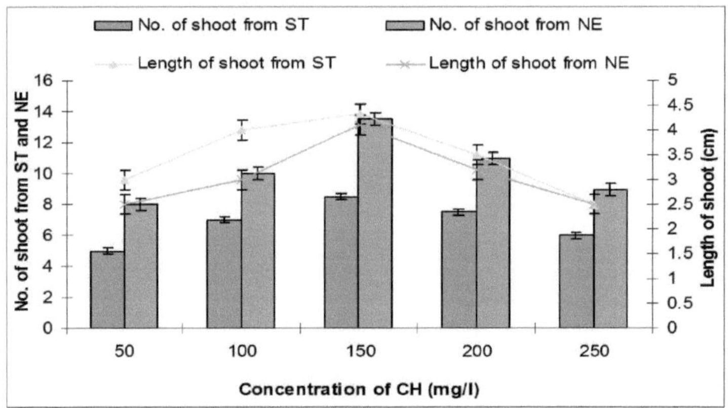

Gráfico 3.4: Efecto de las diferentes concentraciones de hidrolizado de caseína sobre el número de brotes por cultivo y la longitud de cada uno de los brotes de *Plambago indica* L.

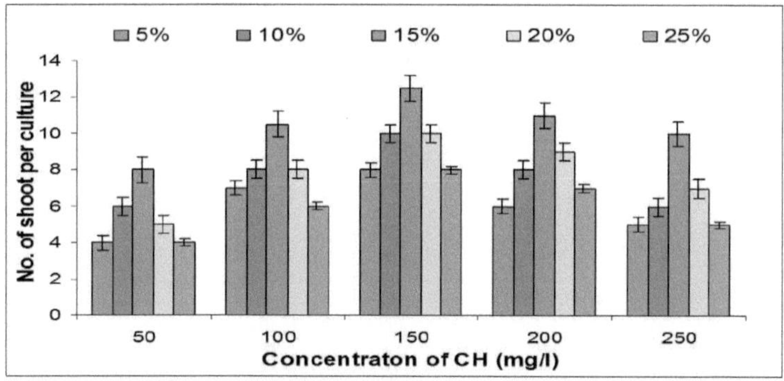

Gráfico-3.5: Gráfico que muestra los efectos de la CH y la CW en el número de proliferación de brotes del explante de la punta del brote cultivado en MS + 0,5 mg/l BAP + 3% de sacarosa. Barras = Error estándar.

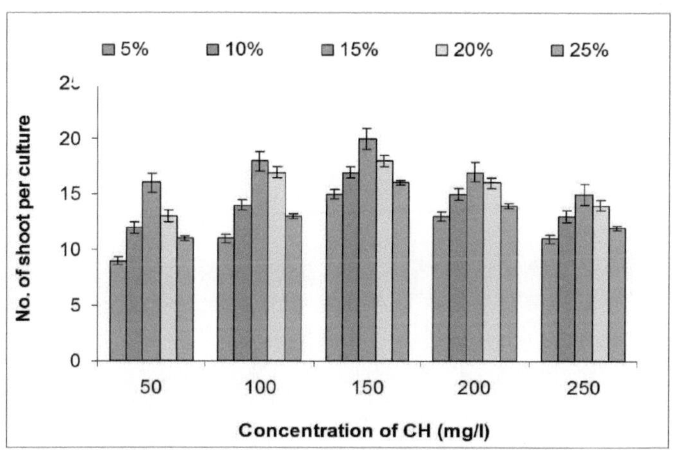

Gráfico 3.6: Gráfico que muestra los efectos de la CH y la CW en el número de brotes de proliferación del explante nodal cultivado en MS + 0,5 mg/l BAP + 3% de sacarosa. Barras = Error estándar.

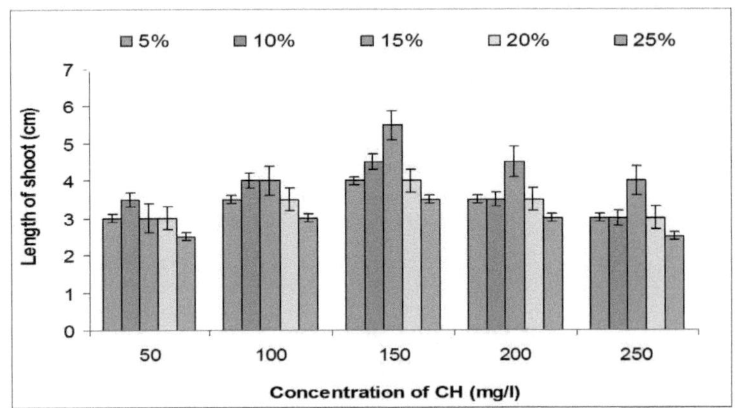

Gráfico 3.7 : Gráfico que muestra los efectos de la CH y la CW en el crecimiento de la altura del brote individual del explante de la punta del brote cultivado en MS + 0,5 mg/l BAP + 3% de sacarosa. Barra = Error estándar.

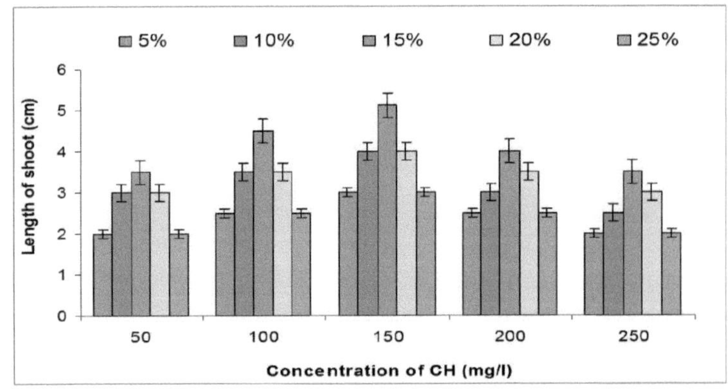

Gráfico 3.8 : Gráfico que muestra los efectos de la CH y la CW en el crecimiento de la altura del brote individual del explante nodal cultivado en MS + 0,5 mg/l BAP + 3% de sacarosa. Barra = Error estándar.

3.4 DISCUSIÓN

La micropropagación de especies vegetales es uno de los ejemplos más exitosos de aplicación comercial de las técnicas de cultivo de tejidos vegetales. Muchas empresas de todo el mundo utilizan protocolos sencillos y bien establecidos para propagar una variedad de especies vegetales. Las técnicas de cultivo de tejidos ofrecen métodos alternativos viables para la producción en masa de plantas sanas con características uniformes (Lim y Kong 1985). Estas técnicas se han aplicado con éxito a muchas hierbas y arbustos (George y Sherrington 1984). Aunque la micropropagación de plantas es actualmente más costosa, ofrece ventajas significativas en cuanto al mantenimiento de la propagación masiva de un genotipo seleccionado. Además, este método puede superar las dificultades relacionadas con los cambios estacionales, la edad y los antecedentes genéticos de las plantas madre y asegurar la rapidez de la multiplicación (Nemeth 1986). Con la ayuda del cultivo de tejidos es posible propagar un gran número de plántulas a partir de un solo explante en un período de tiempo muy corto (Bajaj *et al.* 1992).

Las plantas medicinales se han estado propagando tradicionalmente por medio de semillas. La propagación por el método in vitro a partir de semillas y plántulas tiene alguna aplicación, principalmente para aumentar el rendimiento que es bajo en la producción de semillas (Rancillac 1979). Sin embargo, la aplicación más importante es en la producción masiva de plantas medicinales y se espera que ésta utilice las plantas medicinales sin destruir la vegetación natural. La aplicación de la propagación *in vitro* a la producción de nuevas variedades de plantas medicinales deseables podría ser de gran valor, ya que la reproducción mediante la hibridación sexual normal requiere trabajo y tiempo. Además, hay muchas plantas de importancia comercial que son estériles y las variedades mejoradas no pueden obtenerse mediante el fitomejoramiento convencional. En un futuro próximo será posible superar estas limitaciones mediante la producción de mutantes y tipos de plantas poliploides mediante la regeneración a partir de callo y células individuales que son genéticamente inestables o han sido sometidas a agentes mutagénicos (Spiegel-Roy y Kochba 1973; Gayneret y *otros* 1981).

Sin embargo, todavía hay muchos objetivos útiles que pueden alcanzarse utilizando la tecnología actual. Entre ellos figuran la multiplicación de plantas individuales para su utilización en semilleros, huertos semilleros, pruebas de progenie, conservación de especies raras, en peligro de extinción o de reproducción lenta, multiplicación de genotipos deseables y propagación de variedades hortícolas de árboles ornamentales y de huerta (Sommer y Clades 1981).

Además de la producción comercial, la propagación in vitro de plantas medicinales se ha aplicado en una escala algo menor a los programas de mejoramiento mediante la rápida producción de nuevas líneas prometedoras para pruebas de campo. Longbottom *y otros* (1980) también han demostrado que el método es útil para la producción rápida durante todo el año de plantas uniformes para proyectos de investigación que, de otro modo, dependerían de lotes individuales de plantas producidas anualmente por métodos convencionales (Atkinson y Wilson 1980). Los resultados obtenidos durante este estudio se han descrito a la luz de la bibliografía disponible.

En el programa de cultivo de tejidos, la fuente de los explantes, el pretratamiento, la edad de desarrollo, los diferentes medios de crecimiento, los suplementos nutricionales, el tratamiento secuencial, las tasas de aireación y subcultivo, etc. son factores críticos. También existe el concepto general de que las respuestas morfogénicas representan un equilibrio de sustancia estimulante e inhibidora, muchas de las cuales aún pueden ser identificadas (Durzon 1988).

3.4.1 Esterilización de la superficie de los explantes

La contaminación es un hecho común durante el cultivo. A fin de reducir las pérdidas y aumentar la eficiencia del cultivo, debe evitarse la contaminación en cada etapa. Con ese fin, los explantes se tratan con diversos agentes esterilizantes, solos o en combinación, de diferente duración y concentraciones para diversos explantes (punta de brote y segmento nodal). Hammerschlag (1982) informó de que la esterilización óptima depende del tamaño y la elección de los explantes y que éstos eran factores críticos. Druart y Gruselle (1986), Bennett y Mc Comb (1982), Roy *y otros* (1987), Nekrosove (1964) y Gupta *y otros* (1981) informaron de la esterilización de la superficie de los explantes mediante el uso de $HgCl_2$, las concentraciones y el tiempo de remojo deben ser acordes con la resistencia de la fuente de los explantes.

La desafección completa de muchas especies de plantas es extremadamente difícil, especialmente cuando los explantes se toman de la planta madura del campo, debido a la penetración en el tejido de varios microorganismos (Franclet 1979; Jones *y otros* 1979). En el experimento de desafección de los explantes recogidos de plantas maduras se ensayaron con diferentes concentraciones de $HgCl_2$ y se encontró que el 74% y el 76% de los cultivos estaban libres de contaminación sin daño tisular tratados con 0,2% de $HgCl_2$ durante 6 y 7 minutos, respectivamente.

3.4.2 Regeneración de brotes directamente de los explantes de la punta de los brotes de la planta madura de *Plumbago indica* L.

Hay muchos informes sobre la regeneración de los brotes de los explantes de la punta de los brotes de las plantas maduras. Bhadra *y otros* (2009) informaron de que los segmentos foliares y nodales de plántulas de *Plambago indica* L. de dos meses de edad cultivadas en el campo se cultivaron en MS solidificada en agar, complementada con diferentes concentraciones y combinaciones de NAA, IAA, 2,4 D y picloram y BAP y Kn; los segmentos nodales produjeron múltiples brotes o callos de diferente naturaleza dependiendo de las combinaciones de reguladores de crecimiento de la planta. Otros investigadores observaron un fenómeno similar en *Plambago indica* L. (Gopalakrishnan *y otros* 2009, Kumar y Bhabanandan 1988, Roy *y otros,* 2008, Yoganath y Basu 2009). Adolfina *y otros* (1997) informaron de que la formación de brotes adventicios se obtenía cuando se cultivaban explantes de punta de brote de *Hedeoma multiflorum maduro* en un medio MS suplementado con 22,2 μm BAP y 0,05 μM NAA. Estos hallazgos corroboran el resultado de la presente investigación, en la que la punta del brote de *Plambago indica* L. se proliferó en un brote múltiple en un medio MS suplementado con 0,5 mg/l BAP.

3.4.3 Regeneración de brotes directamente de los explantes nodales de *Plumbago indica* L.

Hay muchos informes sobre la regeneración de los brotes de los explantes nodales de las plantas maduras. Tawfik (1997) informó de la formación de múltiples brotes a partir del segmento nodal de la planta madura de

Azadirachta indica A. Juss. en un medio de planta leñosa complementado con 0,5 mg/l Kn y 1,0 mg/l BAP. De Fossard (1977, 1978) y Baker y otros (1977) encontraron formación de múltiples brotes a partir de los nódulos de plantas maduras de *Eucalyptus deglupta*. Todos los resultados de su estudio coinciden con las conclusiones de la presente investigación de que los segmentos nodales de las plantas maduras de *Plumbago indica* L. produjeron múltiples brotes en el medio MS complementados con 0,5 mg/l BAP. Del estudio se desprende que ambos tipos de explantes (punta del brote y segmento nodal) de Plumbago *indica* L. maduras se consideraron capaces de producir brotes únicos y múltiples con la suplementación de diferentes reguladores de crecimiento en el medio MS. El segmento nodal resultó más eficiente en la producción de múltiples brotes en comparación con los explantes de la punta del brote. Yadav (1990), Amin y Akhter (1993) y Duran-Villa *y otros* (1989) encontraron resultados similares en su experimento en *Syzygium cumini* y *Citrus grandis*, respectivamente.

3.4.4 Papel del nivel de sacarosa en el medio

En el estudio se determinó el papel del nivel de sacarosa en la multiplicación del crecimiento de los brotes. La sacarosa suele ser la fuente de carbono y energía. Diferentes concentraciones de sacarosa con combinaciones hormonales constantes pueden regular la diferenciación del xilema y el floema en varios tejidos de callo (Fadia y Metha 1973) y también ayudan al desarrollo de los brotes y raíces organizados (Miah y *otros* 1986). El efecto beneficioso de la alta concentración de sacarosa en diferentes eventos de morfogénesis como la multiplicación de los brotes ha sido reportado por De Bruya y Ferreira (1992).

En la investigación, se encontró que el 3% de sacarosa era óptima para aumentar la longitud de los brotes y el número de desarrollo de los mismos y el 1,5% de sacarosa era mínima para el número de desarrollo de los mismos. En el estudio se encontró que el 3% de sacarosa era significativamente superior a las de otros niveles de sacarosa que trataban de aumentar la longitud del brote y el número de brotes. También se observó que al aumentar las concentraciones de sacarosa del 1% al 3% el número y la longitud de los brotes aumentaba gradualmente, pero al aumentar aún más la concentración de sacarosa la longitud y el número de brotes volvían a disminuir gradualmente. Como hay una gran cantidad de sacarosa en el medio, se produce una inhibición de las actividades de la invertasa y la sacarosa sintetasa, se reduce la multiplicación de los brotes y su crecimiento (Kishor y Dange 1990).

3.4.5 Efecto del agua de coco

El efecto del agua de coco en la longitud de los brotes y el número de brotes por cultivo se consideró significativo en la investigación. Del estudio se desprende que el 20% de agua de coco con BAP fue muy eficaz para aumentar el porcentaje de cultivo para la proliferación de brotes, el número de brotes por cultivo y la longitud de los brotes individuales en *Plumbago indica* L. Con el aumento de la cantidad de agua de coco de 0 a 15% aumentó el crecimiento de los brotes, pero una mayor concentración de agua de coco en el medio disminuyó el crecimiento. Debido a la presencia de algún promotor del crecimiento de tipo auxina o similar a la auxina en el agua de coco (Pollard *et al.* 1961) o de derivados de purina relacionados con la kinetina (Letham 1993; Letham *et al. 1964) o de nitrógeno* orgánico y vitaminas (Tulecke *et al.* 1961) o de cualquier otra forma, el agua de coco puede estimular la división celular y la rápida proliferación (Blakely y Steward 1961) de los tejidos.

Hay muchos informes sobre el efecto del agua de coco en los medios de comunicación para aumentar el crecimiento. Gui *et al.* (1984) informaron que la adición de 15-20% de CW aumentó el crecimiento de *Michelia macelurei*. Pence *y otros* (1979) informaron de que la adición del 10% de CW producía más brotes y aumentaba su crecimiento mientras estudiaban la micropropagación del *cacao Theobroma*. La adición del 10% de agua de coco al medio también se consideró beneficiosa en el cultivo *in vitro* de *Gmelina arborea* (Sen *y otros* 1992) y *Elaeocarpus robustus* (Roy *y otros* 1998).

3.4.6 Efecto del hidrolizado de caseína (CH)

La adición de hidrolizado de caseína en el medio fue alentadora en la multiplicación del brote en la investigación. En el estudio se determinó que 150 mg/l de CH solo con BAP era óptimo para aumentar el porcentaje de proliferación de brotes múltiples de explantes nodales y puntas de brotes de *Plambago indica* L. También se observó que el hidrolizado de caseína ayudaba a que el brote se volviera sano y fresco.

Hay muchos informes sobre el efecto de la adición de sustancias orgánicas complejas en el crecimiento de los cultivos de especies leñosas. Minocha (1987) informó de que la adición de hidrolizado de caseína a 500 mg/l al medio para el cultivo de puntas de brotes de abedul de corteza de papel causaba un aumento significativo del crecimiento. Huang (1984) utilizó 300 mg/l de CH al medio de cultivo para el crecimiento lujoso de *Leucaena leucocephala*. Wang y Chen (1978) informaron de que se añadieron 100 mg/l de CH al medio de cultivo de *Citrus grandis* para aumentar el crecimiento. Sen *y otros* (1992) informaron de que la adición de 100 mg/l de CH al medio aumentaba el crecimiento de *Gmelina arborea*. Roy *y otros* (1998) observaron que la presencia de 150 mg/l de CH en el medio aumentaba la longitud de los brotes proliferados en el cultivo de *Elaeocarpus robustus.*

3.4.7 Inducción de raíces en los brotes regenerados

Los múltiples brotes regenerados in vitro se extirparon individualmente y se subcultivaron en un medio MS de media potencia (MMS) con un 3% de sacarosa complementado con diferentes concentraciones de auxina individualmente o en combinaciones.

Se utilizaron diferentes concentraciones de diversas auxinas como IBA (0,5 - 3,0 mg/l), NAA (0,5 - 2,0 mg/l), IAA (0,5 - 2,0 mg/l) y sus combinaciones para la inducción de raíces. Entre los tratamientos MMS + 0,5 mg/l IAA indujo raíces en un mayor porcentaje de cultivo.

Hazra y Mascarenhas (1987) informaron de que para el enraizamiento se suele reducir la citoquinina o se sustituye completamente por un mayor suministro de auxina. En *Citrus sinensis* 5,4 µM (0,1 mg/l) NAA indujo el enraizamiento en un medio MS de media potencia. En *Prunus avium* se indujo el enraizamiento en un medio MS de media potencia complementado con 2,5 µM de NAA y 4,9 µM de IBA con un 0,1% de carbón activado. En *Populus tremula se indujo el enraizamiento con medio MS de media fuerza complementado* con 2.5 µM IBA. Sen *y otros* (1992) informaron de que la raíz fue inducida por 1,0 mg/l de IBA y NAA en medio MS de media fuerza de *Gmelina arborea.* En el experimento 0,5 mg/l de IAA al medio MMS indujo raíces en los microbrotes de *Plambago indica* L.

3.4.8 Establecimiento de las plantillas en las condiciones de campo

Las dificultades para trasplantar con éxito al suelo las plantas cultivadas con tejidos están bien documentadas (Conner 1984). Para promover la supervivencia *ex vitro* y la competencia fisiológica; especialmente para protegerse del estrés hídrico y fomentar la autotrofia, se suele proporcionar un entorno de transición para un intervalo de aclimatación, cuya duración oscila entre una y varias semanas (Conner 1984). En este entorno de transición la humedad relativa se mantiene en el rango del 70 al 100% mediante la colocación de tiendas de campaña, la nebulización o el empañamiento, y el nivel de luz no debe ser mucho mayor que en la cultura (Donnelly *et al.* 1993).

En este experimento, antes de hablar de las plántulas de los recipientes de cultivo, se mantuvieron a la luz normal del día en una habitación abierta con temperatura normal durante 7 - 10 días donde las plántulas se endurecieron en cierta medida.

Las plántulas fueron transplantadas a bolsas de polietileno o macetas de tierra que contenían arena estéril, tierra y abono 1:1:1. Posteriormente se aclimataron a las condiciones exteriores. La aclimatación tomó aproximadamente 7 semanas y el 75% de las plantas fueron transplantadas con éxito. Las plantas regeneradas eran morfológicamente normales y crecían vigorosamente (Fig-3.5).

La propagación clonal *in vitro* es una técnica comercial, siendo práctica para una amplia gama de especies herbáceas y leñosas por parte de los viveros de todo el mundo. Una vez desarrollado el método y establecido el cultivo aséptico, podría ser tentador continuar propagándose a partir de él durante muchas generaciones sin hacer referencia a la fuente original de la planta.

CAPÍTULO 4

DEBATE GENERAL

DEBATE GENERAL

La propagación *in vitro* de especies vegetales mediante el cultivo de tejidos es uno de los mejores y más exitosos ejemplos de aplicación comercial de la tecnología de cultivo de tejidos vegetales. Recientemente se ha avanzado mucho en esta tecnología para la conservación de los recursos genéticos y el mejoramiento clonal y se ha descrito en diferentes informes (Barz y *otros,* 1977; Datta y Datta, 1985; Kukreja *y otros,* 1989; Jusekutty *y otros,* 1993; Maskay, 1996; Wawrosch y Kopp, 1999).

Se ha logrado una rápida regeneración de los brotes con una amplia gama de especies, con explantes iniciales tomados de brotes aéreos normales de especies de plantas herbáceas medicinales cultivadas en el campo (Jaiswal *y otros,* 1989; Mathur *y otros*, 1993; Maskay, 1996; Rai, 2002; Hall y Camper, 2002). En las presentes investigaciones, los brotes se regeneraron de forma sutil en explantes de puntas de brotes y segmentos nodales de *Gloriosa superba* y Plumbabo *indica y* los medios más adecuados que se determinaron fueron MS + 4,0 mg/l BAP + 1,0 mg/l IAA y MS + 0,5 mg/l BAP, respectivamente. El subcultivo repetido de explantes en un medio de proliferación de brotes frescos ayudó a lograr una producción continua de brotes y brotes sanos al menos durante cinco a diez ciclos de subcultivo. Para una mayor multiplicación y crecimiento de los brotes, la adición de AC, CH y CW en los medios nutritivos de *Gloriosa superba* L. y Plumbabo *indica* L. fue eficaz. La posición efectiva de AC, CH y CW en el medio nutritivo también se encuentra en el informe (Roy, 1998). El agua de coco de nuez verde es muy eficaz para probar una mezcla indefinida de nutrientes y factores orgánicos (Gamborg y Phillips, 1995).

En los experimentos, para el enraizamiento, se utilizaron con éxito diferentes concentraciones y combinaciones de auxinas, IBA, IAA y NAA. El uso de auxinas solas o en combinaciones para el enraizamiento también fue reportado por diferentes autores (Sahoo y Chand, 1998; Ajith y Seeni, 1998; Rai, 2002). Después de la aclimatación, las plantas se cultivaron y su crecimiento y rendimiento se consideraron satisfactorios.

La técnica aquí descrita parece ser fácilmente adaptable para la propagación clonal a gran escala y la plantación en el suelo del bosque para su uso sostenible en la industria. Además, mediante la normalización de los protocolos para la propagación clonal de plantas de élite seleccionadas, es posible lograr un aumento de 10 veces en los productos por unidad de superficie de cultivo. Las plantas propagadas por clones también tendrían perfiles fitoquímicos idénticos (Roja y Heble, 1993). Asimismo, podría ser posible propagar importantes plantas medicinales raras y en peligro de extinción para su cultivo y utilización sostenible y, en consecuencia, conservarlas de su extinción.

CAPÍTULO 5

REFERENCIAS

REFERENCIAS

Abbot SJ (1978) Práctica y promesa de micropropagación de especies leñosas. Acta Hort. **79**: 113-127.

Adolfina RK, Juliani Jr., Juliani HR y Trippi VS (1997) Micropropagación y aclimatación de *Hedeoma multiflorum*. Cultivo de células, tejidos y órganos vegetales. kluwer Academic Publishers, Países Bajos. **48**: 213-217.

Ajith KD y Seeni S (1998) Rapid clonal multiplication through *in vitro* axillary shoot proliferation of *Aegle marmelos* (L.) Corr. Plant Cell Rep., **17**: 422-426.

Amato F (1978) Variación del número de cromosomas en células cultivadas y plantas regeneradas. **En : Fronteras del cultivo de** tejidos vegetales T. A. Thorpe (Ed.) University of Calgary press, Alberta, Canada. pp. 287-296.

Amin MN y Akter S (1993) Regeneración de la planta *in vitro* a partir de la plántula del explante de Pummelo Obs. (Citrus grandis). Planta Tiss. Cultivo. **3:** 71-79.

Anónimo (1956) La Riqueza de la India: Materias primas. CSIR, Nueva Delhi, India. Vol. IV F-G, págs. 139-141.

Anónimo (1962) La Riqueza de la India: Materias primas. CSIR, Nueva Delhi, India.Vol. VI: L-M, pp 141-143.

Anónimo (1989) The Wealth of India: Materias primas. CSIR, Nueva Delhi, India.Vol. VI: VIII: Ph-Re, pp 162-164.

Atkinson D y Wilson SA (1980) El crecimiento y distribución de las raíces de los árboles frutales y algunas consecuencias para la absorción de nutrientes. En: Mineral Nutrition Fruit Trees. Butterworths, Londres, Reino Unido. pp. 137-150.

Bajaj YPS, Sidhu MMS y Gill APS (1992) Some factors enhancing micropropagation of *Chrysanthemum morifolium* Ram. plant Tiss. Cultivo. **2(1):** 41-47.

Baker PK, Fossard RA de y Bourne RA (1977) Progress towards clonal propagation of *Eucalyptus* species by tissue culture technique. Int. Cultivo de plantas. Soc. Proc. **27:** 546-556.

Barz W, Reinhard E y Zenk MH (1977) Plant Tissue Culture and its Biotechnological Application. Springer-Verlag, Berlín, Nueva York, págs. 27 a 43.

Bennette IJ y Comb Mc (1982) Propagación de Jarrah (*Eucalyptus marginata*) por cultivo de órganos y tejidos. Abst. por la Res. **12:** 121-127.

Bhadra SK, Akhter T y Hossain MM (2009) Micropropagación *in vitro* de *Plumbago indica* L. mediante   la inducción de organogénesis directa e indirecta. Cultivo de tejidos vegetales y biotecnología. 19 (2): 169-175.

Blackly LM y Steward FC (1961) Inducción de crecimiento en el cultivo de *Haplopappus gracilis*. I. El comportamiento de las células cultivadas. Am. J. Bot. **48:** 351-358.

Burkill HM (1995) The useful plants of West Tropical Africa, 2ª ed., vol. 3. Real Jardín Botánico, Kew.

Carlson PS (1977) Novedosas asociaciones de cultivo formadas *in vitro* **In :** **Molecular** Genetic Modification of Eukaryotes (I. Rubenstein, ed.) pp. 43-46.

Chang WC, Hsing YI (1980) Regeneración de plantas mediante embriogénesis somática en callo derivado de la raíz para el *Panax ginseng* C.A. Meyer. Theor. Appl. Genet. **57:** 133-135.

Clapham DH (1977) Inducción de haploides en cereales. Aspectos aplicados y fundamentales de los cultivos de células, tejidos y órganos. pp. 294.

Conner AJ y Thomas MB (1984) Restablecimiento de las plántulas a partir del cultivo de tejidos: una revisión. Proc. Intr. Plant Prop. Soc. **31:** 342-357.

Datta PC y Datta SC (1985) Applied Biotechnology on Medicinal, Aromatic and Timber Plants. Universidad de Calcuta, Calcuta.

De Bruya MH y Ferreira DI (1992) Producción *in vitro* de maíz de *Gladiolus dalenii* y *G. tristis.* Plant Cell Tiss. y org. Cultivo. **31:** 123-128.

De Fossard RA, Baker PK y Boume RA (1977) El cultivo de órganos de nodos de cuatro especies de *eucalipto.* Acta. Hort. **78:** 157-165.

De Fossard RA (1978) Tissue cultures propagation of Eucalyptus ficifolia. actas del Simposio de Cultivo de Tejidos Vegetales (25-30 de mayo de 1978, Pekín, China) Science press, Pekín. pp. 425-438.

Dinesh-Agrawal, Tiwari SK, Siril EA y Agrawal D (1999) Propagación in vitro preliminar de *Gloriosa superba* Linn., una planta medicinal. Vaniki-Sandesh. **23:** 10-13.

Donnelly DJ y Tisdall L (1993) Acclimatization strategies for micropropagated plants. En: Micropropagación de plantas leñosas. (Ahuja MR, eds.). Kluwer Academic Publishers. Dordrecht/london. pp. 153-166.

Druant P y Gruselle (1986) Plum (*Prunus domestica*) **In:** Biotechnology in Agriculture and Forestry (Bajaj YPS eds.) Vol. I Ttess. Springer-Verlag, Barlin. pp. 130-154.

Duke JA (1985) Manual de hierbas medicinales. EE.UU., CRC Press.

Duran-Villa N, Ortega V y Navarro L (1989) Morfogénesis y cultivo de tejidos de tres especies de cítricos. Tiss. y Org. de células vegetales Cultivo. 16: 123-133.

Durzon DJ (1988) Reguladores del crecimiento vegetal en cultivos de células y tejidos de plantas leñosas perennes. Regulación del crecimiento vegetal. **6:** 95-111.

Evers ST (1984) Crecimiento y morfogénesis de las iniciales del abeto Douglas, *Pseudotsuga mensiesii* (Mirb.) Franco, *in vitro* Diss. Agric. Univ. Wageningen, Países Bajos, págs. 1 a 6.

Fadia AF y Metha AR (1973) Estudios de cultivo de tejidos con cucurbitáceas V. Efecto del NAA, la sacarosa y la kinetina en la diferenciación traqueal en el tejido de *Cucumis*. Fitomorfos. **23:** 212-215.

Fay MF (1992) Conservación de plantas raras y en peligro de extinción mediante métodos *in vitro*. Biología celular y del desarrollo in *vitro* **28:** 1-4.

Franclet A (1979) Rejuvenecimiento de árboles adultos para la propagación vegetativa. **En:** Annales de Recherches Sylvicoles, AFOCEL. Estudios e investigaciones. No. 12, 6/79. Micropropagación d. Árboles del bosque. pp. 3-18.

Gamborg OL y Phillips GC (1995) Plant Cell, Tissue and Organ Culture (Fundamental methods). Springer-Verlag, Berlín, Heidelberg. p. 22

Gautheret RJ (1939) Sobre la posibilidad de llevar a cabo el cultivo de tejido de tubérculos de zanahoria. C. R. Acad. Sci. **208:** 118-120.

Gautam BK, Nanda K y Gupta SC (1993) Desarrollo de brotes y raíces en el callo derivado de las anteras de Azadirachta indica A. Juss. una planta de árbol medicinal. Célula vegetal, Tiss. y Org. Culto. **34:** 13-18.

Gayner JA, Jones OP, Hopgood ME y Watkins R (1981) Producción y regeneración de mutantes a partir de callo in vitro. Informe de la Estación de Investigación del Correo del Este para 1980. págs. 144.

George EF y Sherrington PD (1984) Propagación in vitro. In: Propagación de plantas por cultivo de tejidos. Exegenetics Ltd. Publicación, Inglaterra. pp. 42-44.

Ghani A (2003) Plantas medicinales de Bangladesh con componentes y usos químicos. 2ª Ed. (Prensa militar asiática, Dhaka, 1000), págs. 350.

Gooneratne BWM (1966) Alopecia masiva generalizada después del envenenamiento por *Gloriosa superba* Linn. Br Med J. **1:** 1023-1024.

Gui YI, Gu SR y Xu TY (1984) Organogénesis en el cultivo de tejidos de la hoja de *Monordica grosvenori*. In: Cultivo de células y tejidos de plantas. (Instituto de Botánica, Academia Sci. eds.) pp. 68-73.

Gupta PK, Nadgir AL, Mascarenhas y Jagannathan V (1981) Cultivo de tejidos de árboles forestales: Multiplicación clonal de árboles maduros de *Eucalyptus citriodora* Hook. por cultivo de tejidos. Plant Sci. Lett. 20: 195-201.

Gbadamosi IT y Egunyomi A (2010) Micropropagación de *Plumbago zeylanica* L. (Plumbaginaceae) en Ibadan, al suroeste de Nigeria. Journal of Medicinal Plants Research. **4**(4): 293-297.

Gopalakrishnan M, Janarthananm B, Sai GL y Sekar T (2009) Plant regeneration from leaf explants of *Plumbaga rosea* L. Plant Tissue Cult. and Biotech. 19(1): 79-87.

Haberlandt G (1902) Experimentos de cultivo con células aisladas de pflan Zen. Agendas de reuniones. Estudios Académicos de Viena, matemáticas. Naturwiss Ki. Abt. **1:** 111, 69-92.

Hall KC y Camper ND (2002) Cultivo tisular de sello de oro (*Hydrastis canadensis* L.) Célula *in vitro*. Dev. Biol. Plant, **38**: 293-295.

Hammerschlag FA (1982) Factores que afectan al establecimiento y crecimiento de las puntas de brotes de melocotón *in vitro*. Hort. Sci. **17:** 85-86.

Hamann O (1991) El programa conjunto de conservación de plantas de la UICN y la WWF y sus intereses en las plantas medicinales. En: La Conservación de Plantas Medicinales. Akerele O, Heywood V y Synge H (eds.). Cambridge University Press, Cambridge, págs. 13 a 22.

Hassan A K M S, F Haque, M A A Jahan y S K Roy (2012) *En Virto Propagación* masiva de *Plumbago Zeylanica* L. a través de la

Organogénesis Directa. Bangladesh Journal of Scientific and Industrial Research. **47**(3): 297-302.

Haque F, Hassan A K M A K M Hassan y S K Roy (2012) *In Vitro* Shoot Proliferation and Plant Regeneration of *Plumbago indica* L. (Ractochita), una planta medicinal poco común de Bangladesh. Bangladesh Journal of Scientific and Industrial Research. 47(2): 197-202.

Hassan A K M S y S K Roy (2005) Micropropagación de *Gloriosa superba* L. mediante la proliferación de disparos de alta frecuencia. Cultivo de tejidos vegetales y biotecnología. **15**(1): 67-74.

Hazra S y Mascarenhas (1987) Clonación de árboles forestales mediante la técnica *in vitro*. **In:** Proc. Reginal Workshop on Tissue Culture of Trop. Plantas de Cultivo Tropicales. Islam AS y Haque MM (editores). Bangladesh Bot. Soc. Dhaka. pp. 42-62.

Hirai G, Kasai N y Harada T (1997) Somatic embryogenesis in mature zygotic embryo culture of Glehnia littoralis. plant Cell, Tissue and Organ Culture. Kluwer Academic Publishers, Países Bajos. **48:** 175-180.

Huang Z, Huangfu Y y Xu L (1984) Planta triploide del cultivo del endospermo de *Actinidia*. Kexue Tongbao. **27:** 247-250.

Huang CL, Hsieh MT, Hsieh WC, Sagare AP y Tsay HS (2000) *In vitro* propagation of *Limonium wrightii* (Hance) Ktze. (plumbaginaceae), una planta etnomedicinal, a partir de la punta del brote, la hoja y el nódulo de la inflorescencia explotan. Planta de biología celular y del desarrollo *in vitro*. **36:** 220-224.

Huxley A (1992) The Royal Horticultural Society Dictionary of Gardening, Vol 2. Londres, MacMillan Press.

Iapichino G (2004) Improved micropropagation in *Polygala myrtifolia. Célula in vitro.* Dev. Biol. Plant. **40:** 86-89.

Jaiswal VS, Narayan P y Lal M (1989) Micropropagación de *Adhatoda vasica* Nees. A través del cultivo del segmento nodal. En: Cultivo de tejidos y biotecnología de plantas medicinales y aromáticas. Kukreja AK, Mathur AK, Ahuja PS y Thakur RS (eds.). Instituto Central de Plantas Medicinales y Aromáticas, Lucknow, págs. 7 a 11.

Jayaweera DMA (1982) plantas medicinales utilizadas en Ceilán. Colombo, Consejo Nacional de Ciencia de Sri Lanka (parte 3).

Jha S, Gupta J y Sen S (1987) Tissue culture of Smilax zeylanica l. VI Simposio Internacional sobre Plantas Medicinales y Aromáticas, XXII IHC, ISHS Acta Horticulture **208:** 273-279.

Johansson PK (1983) Physiol. Planta. **89:** 397-403.

Jones OP, Pontikis CA y Hopgood ME (1979) Propagación *in vitro* de cinco cultivares de vástagos de manzana. revistas de Hort. Sci. **54:** 71-84.

Joshi MS y Thengane SR (1996) Propagación *in vitro* de *Azadirachta indica* A. Juss. (neem) por proliferación de brotes. Ind. J. Exp. Biol. **34:** 480-485.

Junior BV y Goncalves AN (1988) Cultivo de tejidos de estructuras de embriones de Dipterix odorata Aubl. Willd., Leguminosaepapilionidae. Acta-Amazónica-Suplemento. Instituto Nacional de Pesquisa Amazónica, Manuas, AM, Brasil. **18:** 1-2, 425-427.

Jusekutty PC, Swati S y Prathapasenan G (1993) Direct and indirect organogenesis in *Coccnic indica*. J. Hort. Sci., **68**: 31-35.

Karim MA y Adachi T (1997) Suspensión celular, aislamiento y cultivo de protoplastos de *Allium cepa*. Cultivo de células, tejidos y órganos de plantas. Kluwer Academic Publishers, Países Bajos. **51:** 43-47.

Kittipongpatana N, Hock RS y Porter JR (1998) Producción de solasodina mediante cultivos de raíz peluda, callo y suspensión celular de Solanum aviculare Frost. Cultivo de células, tejidos y órganos vegetales. Kluwer Academic Publishers, Países Bajos. **52:** 133-143.

Kishor KPB y Dange V (1990) Metabolismo de la sacarosa en cultivos de callo de algodón durante el crecimiento. Indian j. Expl. biol. Vol. 28. Abril, 1990. pp. 352-355.

Kukreja AK, Mathur AK, Ahuja PS y Thakur RS (1989) Tissue Culture and Biotechnology of Medicinal and Aromatic Plants. Instituto Central de Plantas Medicinales y Aromáticas, Lucknow.

Kumar KS y Bhavanandan KV (1988) Micropropagación de *Plumbago rosea* Linn. Tejido celular vegetal y cultivo de órganos. **15**(3): 275-278.

Lakshmi M y Mythili S (2003) Embriogénesis somática y regeneración de cultivos de callo de la planta medicinal *Kaempferia galang*. J. Plantas medicinales y aromáticas **25**: 947-951.

Lee SH, Lee KW, Yang SW y Lin JR (1991) Floración in vitro de ginseng (*Panax ginseng* C.A. Mayer) Embriones cigoticos inducidos por reguladores de crecimiento. plant Cell Physiol. **32:** 1111-1114.

Letham DS (1963) Purificación de factores incluyendo la división celular extraída de la ciruela sin éxito. Ciencia de la vida, 1963. p. 152.

Letham DS, Shannon JS y McDolad IR (1964) La estructura de la zeatina, un factor que incluye la división celular. Proc. Químico. Soc. p. 230.

Lin-Hu CL y Kong LS (1985) Micropropagación de *Lagerstroemia speciosa* (Lythraceae). Botanic Gardens, Singapore print from gardens Bulletin. **38(2):** 175-189.

Liu SQ y Cai QG (1990) Formación de callo a partir de protoplastos y regeneración de plantas a partir del cultivo de tejidos de *Silybum marianum* Gaertn. Acta-botanica-Sinica. Instituto de Botánica, Academia Sinica, Beijing 100044, China. **32:** 1, 19-25.

Longbottom H, Tobutt KR y Jones OP (1980) Propagación *in vitro* de un árbol frutal. Informe de la Estación de Investigación East Malling para 1979, 1987.

Mallikadevi T, Senthilkumar P y Paulsamy S (2008) Regeneración *in vitro* de la planta medicinal *Plumbago zeylanica* L. con referencia a una población única en maruthamalai, los ghats occidentales, India. Cultivo de tejidos vegetales y biotecnología. **18**(2): 173-179.

Masky N (1996) Micropropagación de las plantas medicinales *nepalesas* amenazadas *Swertia chirata* Buch- Ham ex Wall. y *Mahonia napaulensis* DC. Mainz, Chorus-Verlag, Munchen.

Mathur A, Ahuja PS y Mathur AK (1993) Micropropagación de *Panax quinquefolium*, *Rauvolfia serpentina* y algunas otras plantas medicinales y aromáticas de la India. En: Técnicas adaptadas para los cultivos comerciales de los trópicos. Quynh NT y Uyen NV (editores). Editorial Agrícola, Ciudad Ho Chi Minh, págs. 155 a 173.

Minocha SC(1987) Reguladores del crecimiento de las plantas y morfogénesis en el cultivo de células y tejidos de árboles forestales. En: Cultivo de células y tejidos en la silvicultura. Vol. I. martinus Nijhoff, The Hauge. pp. 56-59.

Murashige T y Skoog F (1962) Un medio revisado para el crecimiento rápido y bioensayos con cultivo de tejido de tabaco. Physiol. Planta. **15:** 473-479.

Murashige T (1974) Regeneración de plantas mediante cultivos de tejidos. Anu. Rev. Plant Physiol. **25:** 135-166.

Murthy BNS y PK Saxena (1998) Somatic embryogenesis and plant regeneration of *Azadirachta indica* A. Juss. plant Cell Reports. Departamento de Ciencias Hortícolas de la Universidad de Guelphont. NIG 2W1, Canadá. **17:** 6-7, 469-475.

Nekrosova TV (1964) El cultivo de brotes aislados de árboles frutales. Planta soberana Physiol. **11:** 107-113.

Neuwinger HD (1994) Etnobotánica africana. Venenos y drogas. Química, Farmacología, Toxicología. Traducción al inglés de A Porter. Weinheim, Chapman & Hall.

Onisei T, Toth ET y Amariei D (1994) Somatic embryogenesis in lavender tissue culture. I. Aislamiento y características de una línea de callo embriogénico. Revista de hierbas, especias y plantas medicinales (EE.UU.). Stejarul Research Station, Piatra Neamt, Rumania. v. 2(2) págs. 17-29.

Orinos T y Mitrakos K (1991) Rhizogenesis and somatic embryogenesis in calli form wild olive (*Olea europaea* var. *sylvestris*) mature zygotic embryos. Cultivo de células, tejidos y órganos vegetales. **27:** 183-187.

Peck OT y Cumming ST (1986) Plant Cell, Tissue and organ Cult. **6:** 9-14.

Pence VC, Hasegawa PM y Janick J (1979) Asexual embryogenesis in *Theobroma cacao* l. J. Am. Soc. Hortic. Sci. **104:** 145-148.

Phillipson JD (1990) In: Productos secundarios del cultivo de tejidos vegetales. Charlwood BV, Rhodes MJC (eds.) Clarendon Press, Oxford, pp.1-21.

Pierik RLM (1987) Cultivo *in vitro* de plantas superiores. Martinns Nijhoff Publishers, Dordrech/Boton/Lancaster. pp. 80-81.

Pollard JK, Shatz EM y Steward FC (1961) Hexitols in coconut milk: their role in nayure of dividing cells. Plant Physiol. **36:** 492.

Radojevic L y Kavoor A (1986) Inducción de haploides. **En..:** Biotechnology in Agriculture and Forestry. Vol. I. Árboles. I. (ed.). Y.P.S. Bajaj, Springerverlag. pp. 65-86.

Ramesh K y Padhya MA (1990) Propagación *in vitro* del neem (*Azadirachta indica* Juss.) a partir de discos de hojas. Ind. J. Exp. Biol. **28:** 932-935.

Rai VR (2002) Rapid clonal propagation of *Nothapodytes foetida* (Weight) Sleumer - un árbol medicinal amenazado. Célula *in vitro*. Dev. Biol.- Plant, **38**: 347-351.

Rangaswany NS (1986) Embriogénesis somática en cultivo de células, tejidos y órganos angiospérmicos. Proc. India Acad. Sci. (Plant Sci.) **96:** 271.

Rancillac M (1979) Desarrollo de un método de propagación vegetativa *in vitro del* pino marítimo (*Pinus pinaster*). **En:** Annales de Researches Sylvicoles, AFOCEl. Estudios e investigaciones. No. 12, 6/79, Micropropagation d' Arbres Forestiers. pp. 41-48.

Roy SK, Pal PK y Das AK (1987) Propagación del árbol maderero *Terminalia belerica* Roxb. por cultivo de tejidos. Bangladesh J. Bot. **16:** 125-130.

Roy SK, Islam MS y Hadiuzzaman S (1998) Micropropagation of *Elaeocarpus robustus* Roxb. Plant Cell Rep. **17:** 810-813.

Roy SK y Hassan AKMS (2008) Regeneración y conservación de *Gloriosa superba* L. mediante inducción de microtubos *in vitro*. In: Teixeira Da siva (Ed.) Floricultura, Ornamental y Biotecnología, Global Sc. Books, Londres, Reino Unido. **5**: 253-256.

Roja G y Heble MR (1993). Los alcaloides quinolina camptocina y 9-metoxi camptocina del cultivo de tejidos y árboles maduros de *Nothapodytes foetida*. Fitoquímica, **36**: 65-66.

Rout GR, Saxena C, Das P y Samantaray S (1999) Rapid clonal propagation of Plumbago zeylanica Linn. Plant Growth Regulation. **28**(1): 1-4.

Rozga M, Wysokinska H y Swiatek L (1993) Regeneración de plantas a partir de cultivos de callos de *Paulownia tomentosa*. Planta-medica (Alemania), **59:** 653.

Rybczynski JJ (1997) Regeneración vegetal a partir de callo altamente embrionario, suspensión celular y cultivos de protoplastos de *Trifolium fragiferum*. *Cultivo de células*, tejidos y órganos de plantas. Kluwer Academic Publishers, Países Bajos. **51:** 159-170.

Sagare AP, Lee YL, Lin TC, Chen CC y Tsay HS (2000) Citocinina: embriogénesis somática inducida por la citoquinina y regeneración de plantas en *Corydalis yanhusua* (Fumariaceae), una planta medicinal. Plant Science **160:** 139-147.

Sahoo Y y Chand PK (1998) Micropropagación de *Vitex nigundo* L. un arbusto medicinal aromático leñoso, mediante la proliferación de brotes axilares de alta frecuencia. Plant Cell Rep, **18:** 301-307.

Sakia FR, Baruah CC, Deka AC y Kalita MC (2001) Micropropagación de *Hydrocotyle rotundifolia,* una planta medicinal autóctona del noreste de la India. J. Med. Arom. Pl Sci **23:** 291-293.

Salvi ND, Singh H, Tivarekar S y Eapens S (2001) Regeneración de plantas a partir de diferentes explantes de neem. Cultivo de células, tejidos y órganos de plantas. Kluwer Academic Publishers, Países Bajos. **65(2):** 159-162.

Scowcroft WR y Larkin PJ (1982) Variación somaclonal: Una nueva opción para el mejoramiento de las plantas. En: Mejoramiento de plantas y genérico de células osmáticas I. Vasil K, Scowcroft WR y Frey KJ (Eds.) Acad. Press. Nueva York. págs. 158 a 178.

Selvakumar V, Anbudurai RR y Balakumar T (2001) Propagación *in vitro de* la planta medicinal *Plumbago zeylanica* L. mediante explantes nodales. In Vitro Cell Dev. Biol. Plant. 37(2): 280-284.

Sen J, Islam MS, Roy SK y Hadiuzzaman S (1992) Micropropagación de Javenile y *Gmelina arborea adulta*. Plant Tiss. Culto. **2(2):** 89-95.

Sharma M y Chaturvedi HC (1989) Embriogénesis somática en el tejido del callo de *Dioscorea floribunda* y *D. deltoidea*. **En:** A.K. Kukreja, A.K. Mathur, P.S. Ahuja y R.S Thakur (Eds.). Tissue Culture and Biotechnology of Medicinal and Aromatic Plants (Cultivo de tejidos y biotecnología de plantas medicinales y aromáticas): CIMAP, Lucknow. pp. 12-16.

Shashikala CM, Shashidharan S y Rajashekharan PE (2005) Regeneración *in vitro* de Centella *asitica* L. Plant Cell Biotech. Mol. Biol. 6: 53-56.

Shrikhande M, Thengane SR y Mascarenhas AF (1993) Somatic embryogenesis and plant regeneration in *Azadirachta indica* A. Juss. *In vitro* Cellular and Developmental Biology: Plant (USA). v.29p (1) pp. 38-42.

Sivakumer G y Krishnamurthy KV (2000) Micropropagación de *Gloriosa superba* L. una especie en peligro de extinción de Asia y África. Current Science Assn. CV Raman Avenue, Bangalore, India. **78**(1): 30-32

Skirvin RM (1978) Variación natural e inducida en el cultivo de tejidos. Euphytica. **27:** 241-266.

Speigel-Roy P y Kochba J (1973) Mutación de la cría en *Citrus*. En mutaciones inducidas en plantas de propagación vegetativa. Organismo Internacional de Energía Atómica de Viena. págs. 91 a 103.

Sommer HE y Caldes LS (1981) Métodos *in vitro aplicados* a los árboles del bosque. **In:** Plant Tissue Cultures Methods and Applications in Agriculture. Prensa académica. Nueva York. pp. 349-358.

Suchitra B, Zera M y Kumar S (1999) *In vitro* multiplication of Centella *asitica* L. Curr. Sci. **76**: 147-158.

Tawfik AA (1997) Micropropagación y regeneración vegetal del árbol de neem (*Azadirachta indica* Juss.). Assiut Journal of Agricultural Sciences. Departamento de Horticultura, Facultad de Agricultura, Universidad de Assiut, Assiut 71526, Egipto. **28:** 2, 1-10.

Te-chato S y Rungnoi O (2000) Inducción de embriogénesis somática de las hojas Sadao chang (*Azadirachta excelsa* Jacobs.) Scientia Horticulturae. Elservier Science BV. Amsterdam, Países Bajos. **86(4):** 311-321.

Tulcke W, Weistein LH, Rutnel A y Laurencot HJ (1961) Los compuestos bioquímicos del agua de coco en relación con su uso en el cultivo de tejidos vegetales. El país. Boyce Thomson Inst. **21:** 115.

Van-Hengel AJ, Harkes MP, Wichers HJ, Hesselink PGM y Buitelaar RM (1992) Caracterización de la formación de callos y la producción de camptothecina por líneas celulares de *Camptotheca acumulada*. Célula vegetal Tiss. Org. Cult. **28:** 11-18.

Verma PC, Singh D, Rahman L, Gupta MM y Banerjee S (2002) Estudios in vitro en *Plumbago zeylanica*: micropropagación rápida y establecimiento de un cultivo de raíces peludas de mayor rendimiento de plumbagina. Journal of Plant Physiology. **159(5):** 547-552.

Vieira RF y Skorupa LA (1993) Banco genético de plantas medicinales brasileñas. Acta Horticulturae **330**: 51-58.

Villarreal ML y Muñoz J (1991) Estudios sobre las propiedades medicinales de *Solanum chrysotrichum* en el cultivo de tejidos. Formación de callo e inducción de la planta desde la yema axilar. Arco. Med. Res. (Mex). **22**: 128-132.

Vincent KA, Bejoy M, Hariharan M y Mathew MK (1991) Regeneración de plántulas de cultivos de callos de *Kaempferia galangal*. Indian J. Plant Physiol. **34**: 396-400.

Wang T y Chan C (1978) Plantillas triploides de cítricos del cultivo de endospermo. Proc. Symp. Plant Tissue Cult., Science press, Beijing, China. pp. 463-468.

Watt JM y Breyer-Brandwijk MG (1962) Las plantas medicinales y venenosas del África meridional y oriental. Edimburgo, E. & S. Livingstone.

Wawrosch C y Kopp B (1999) Aplicación del cultivo de tejidos vegetales en la protección y domesticación de plantas medicinales raras y en peligro de extinción. *In Vitro* Cell Dev. Biol.-plant, **35**: 180-181.

WenSu W, Hwang W, Kim SY y Sagawa Y (1997) Introducción de la embriogénesis somática en *Azadirachta indica*. Cultivo de células, tejidos y órganos de plantas. Kluwer Academic Publishers, Países Bajos. **50**: 91-95.

White PR (1934) Crecimiento potencialmente ilimitado de las puntas de las raíces de tomate extirpadas en un medio líquido. Plant Physiol. **9**: 585-602.

Wiedenfeld H, Furmanowa M, Roeder E, Guzewska J y Gustowski W (1997) Camptothecin y 10-hydroxycamptothecin en callo y plántula de Camptotheca acuminata. Cultivo de células, tejidos y órganos vegetales. Kluwer Academic Publishers, Países Bajos. **49:** 213-218.

Windholz M (1983) The Merck Index: an enciclopedia of chemicals, drugs and biologicals, 10th ed. Rahway, Nueva Jersey, Merck & Co. Inc.

Asamblea Mundial de la Salud, 1997.

Yadav U y Lal M y Jaiswal VS (1990) Micropropagación *in vitro* del árbol frutal tropical, *Syzygium cumini* L. Cultivo de células, tejidos y órganos vegetales. **21:** 87-92.

Yeoman MM (1986) Tecnología de cultivo de células vegetales. Monografías botánicas. Black Well Sci. Public. Vol. 29. pp. 29-66.

Yogananth N y Basu MJ (2009) Método de TLC para la determinación de la plumbagina en el cultivo de la raíz vellosa de *Plumbago rosea* L. Global Journal of Biotechnology & Biochemistry. **4**(1): 66-69.

Yousef SA y Fattah FA (1999) Propagación de la planta de neem (*Azadirachta indica* L.) mediante cultivo de tejidos. Dirasat. Ciencias de la Agricultura. Centro de Ingeniería Genética y Biotecnología, Bagdad, Iraq. **26:** 2, 287-291.

CAPÍTULO 6

APÉNDICES

APÉNDICES

Apéndice A. MS medium (Murashige y Skoog, 1962)

Constituyentes	Concentraciones (mg/l)
Macro-nutrientes	
KNO3	1900.00
NH4NO3	1650.00
CaCl2, 2H2O	440.00
MgSO4, 7H2O	370.00
KH2PO4	170.00
Micronutrientes	
Na2-EDTA	37.30
FeSO4, 7H2O	27.80
MnSO4, 4H2O	22.30
ZnSO4, 7H2O	8.60
H3BO4	6.20
KI	0.83
Na2MoO4	0.25
CuSO4, 5H2O	0.025
CoCl2, 6H2O	0.025
Los nutrientes orgánicos	
Glicina	2.00
El ácido nicotínico	0.50
Pyridoxine-HCl	0.50
Tiamina-CHCl	0.10
Meso-inositol	100.00
Sacarosa	30000.00

Apéndice B. Media fuerza MS media (MMS)

Constituyentes	Concentraciones (mg/l)
Macro-nutrientes	
KNO3	950.00
NH4NO3	825.00
CaCl2, 2H2O	220.00
MgSO4, 7H2O	185.00
KH2PO4	85.00
Micronutrientes	
Na2-EDTA	18.65
FeSO4, 7H2O	13.90
MnSO4, 4H2O	11.05
ZnSO4, 7H2O	4.30
H3BO4	3.10
KI	0.45
Na2MoO4	0.125
CuSO4, 5H2O	0.0125
CoCl2, 6H2O	0.0125
Los nutrientes orgánicos	
Glicina	1.00
El ácido nicotínico	0.25
Pyridoxine-HCl	0.25
Tiamina-CHCl	0.05
Meso-inositol	100.00
Sacarosa	30000.00

Apéndice C. Gamborgs B5 mediano (Gamborg et al., 1968)

Constituyentes	Concentraciones (mg/l)
Macro-nutrientes	
KNO3	2500.00
(NH4)SO4	134.00
CaCl2, 2H2O	150.00
MgSO4, 7H2O	250.00
KH2PO4	15.00
Micronutrientes	
MnSO4, 4H2O	10.00
ZnSO4, 7H2O	2.00
H2BO3	3.00
KI	0.75
Na2MoO4, 2H2O	0.25
CuSO4, 5H2O	0.03
CoCl2, 6H2O	0.03
Los nutrientes orgánicos	
El ácido nicotínico	1.00
Pyridoxine-HCl	1.00
Tiamina-CHCl	10.00
Myo-inositol	100.00
Gelrite	2500.00
Sacarosa	20000.00

Apéndice D. Medio de las plantas leñosas (Lloyd y McCown, 1981)

Constituyentes	Concentraciones (mg/l)
Macro-nutrientes	
NH_4NO_3	400.00
$Ca(NO_3)_2, 4H_2O$	556.00
KH_2SO_4	990.00
$MgSO_4, 7H_2O$	370.00
KH_2PO_4	170.00
$CaCl_2, 2H_2O$	96.00
Micronutrientes	
Na_2-EDTA	37.30
$FeSO_4, 7H_2O$	27.80
$MnSO_4, 4H_2O$	22.30
H_2BO_3	6.20
$Na_2MoO_4, 2H_2O$	0.25
$CuSO_4, 5H_2O$	0.25
Los nutrientes orgánicos	
El ácido nicotínico	0.50
Tiamina-CHCl	1.60
Myo-inositol	100.00
Sacarosa	20000.00

I want morebooks!

Buy your books fast and straightforward online - at one of world's fastest growing online book stores! Environmentally sound due to Print-on-Demand technologies.

Buy your books online at
www.morebooks.shop

¡Compre sus libros rápido y directo en internet, en una de las librerías en línea con mayor crecimiento en el mundo! Producción que protege el medio ambiente a través de las tecnologías de impresión bajo demanda.

Compre sus libros online en
www.morebooks.shop

KS OmniScriptum Publishing
Brivibas gatve 197
LV-1039 Riga, Latvia
Telefax: +371 686 204 55

info@omniscriptum.com
www.omniscriptum.com

Printed by Books on Demand GmbH, Norderstedt / Germany